JN115418

犬と生きる——ペロと過ごした日々

佐川和茂　著

大阪教育図書

はしがき

僕は、『楽しい透析』(大阪教育図書、二〇一八年)以降、これまで出版した七冊の本の中で、「退職、老い、難病、事故」に直面した時、人はいかに対応するのか、を問いかけてきたのだと思う。それは、人生で遅かれ早かれ人に降りかかってくる課題である。現に、僕の場合、透析治療を十四年以上続けており、心臓や脳の手術を受け、退職して年齢は七十代半ばであり、これまで事故とも無縁ではない。生と死の彼方に旅立っていても不思議でないのに、よく助かったものだ。

人生において避けられない「退職、老い、難病、事故」にいかに対応するのか。それは、人の態度に関わってくるだろう。ホロコーストを生き延びたユダヤ系精神科医ヴィクトール・フランクルは説く、「避けがたい苦難など、人生の悲劇的・否定的な局面でさえ、人の達成に変えることができよう。それは不遇に対し人がいかなる態度を取るかによるのである」(『意味への意志』)。また、結核を生き延びた精神科医、神谷美恵子は、「人が自己に対してどのような態度を取るかにより、その後の生き方に大きな開きが生じることであろう」（『生きがいについて』）と言う。そして、難病によって十三年間も寝たきりの生活を送った作家の三浦綾子は、「それを運命だと思ってしぼんでしまうか、あるいは、それを試練だと思って立ち向かうか」（『続泥流地帯』）と問いかけている。

実際、僕は、透析を受けながらも好きな仕事ができることで感謝に堪えない。そして、思う。いつあの世から迎えが来るかもしれない。が、その時まで、自分が好きで没頭できる仕事を楽しんで生きたい。途中で倒れても、仕方がないよね、と。

「退職、老い、難病、事故」に直面しても、「熱中できる対象」を持っている人は、救われるだろう。反対に、それがない場合は、悲惨である。生産的に打ち込める対象であれば、何でもよい。それは、少子高齢化社会、持続可能な社会を生きてゆくうえで、有益ではないだろうか。それは、人の生涯に大きな違いをもたらすに違いない。

それでは自分が熱中できる対象とは何か。すぐに回答できる場合は、幸せである。運動にせよ、芸術にせよ、研究にせよ、その他何にせよ、人生の初期段階で、それを見つけておくことが理想である。もし没頭できる対象がないならば、精神を引き締めて、それを作る努力が必要だろう。

僕の場合、熱中できる対象は、ユダヤ研究である。二十代の初めに、一緒に英語を学んでいた友人の伝手で、在日米軍基地に勤めることになり、ほとんど同時に夜間大学に通い始めた。そこで読む機会を得たユダヤ系アメリカ作家、バーナード・マラマッドの描くユダヤ移民の奮闘に、求めていた生き方との響き合いを感じたのである。彼らは、異なる言語や環境の中で、新しい生活を求めて刻苦勉励していた。それが、当時、同様の状況で苦学していた僕の生活と響き合ったのだ。その後、勤労学生として、大学や大学院で学びながら、ユダヤ系文学を読み、宗教や歴史や商法と絡めてユダヤ研究を継続していった。それで五十年が過ぎた。

また、人は、「仕事以外に真剣な趣味」を持っていれば、生きてゆくうえで有益だろう。ユダヤ系の経営学者ピーター・ドラッカーも、それを力説している（『マネジメント改訂版』、など）。「真剣な趣味」とは、それが何にせよ、セミプロ級の段階を目指す、という意味である。僕の場合、中学時代より歌うことが大好きで、ほとんど毎日、声を張り上げて自己流に楽しんできた。それで六十年が過ぎた。

すでに述べたように、僕は、二〇〇八年四月に透析生活に入り、早くも十四年以上を過ごしている。そこで、透析患者が犬を飼うことは、大変有益ではないだろうか。一緒に散歩をして適当な運動をし、無心な犬より元気をもらい、心を和ませる。

僕も以前、ペロという雄の柴犬を飼っていた。ペロという名前は、息子が大好きな手塚治虫のマンガからとったものだが、ペロとはスペイン語で犬の意味らしい。

この犬は、生後まもなく近所の森林公園に捨てられていたところを、当時まだ小学生だった息子の級友が見つけて、「飼わないか?」と連れてきてくれたのである。僕の日記によれば、それは一九九三年十月二日のことだった。

そこで犬に関してまったく知識のなかった状態から、恐る恐る飼い始めたわけである。庭に置いた犬小屋で飼っていた時期もあったが、よく吠えて近所の迷惑になったので、やがて家の中で飼うことにした。結局、それが良かったのだろう。ペロは、十七年三ヶ月も生きてくれた。

もちろん、日に二回の散歩は休みなしであり、それは雨でも雪でも嵐でも続いた。大変といえば大変だったが、ペロからは限りなく貴重な思い出をもらった。ペロは、こちらがどんなに遅く帰っても、寝ていたところから起き上がり、尻尾を振りながら、出迎えてくれた。それが、どんなに心を和ませたことか。

二〇〇一年頃から、酷暑の夜は、居間に冷房をつけ、家族そろって雑魚寝をしたが、そのような時、ペロはいつも僕の横にやってきて、並んで眠った。また、幼かった息子の正和と娘の和泉が、ペロを真ん中に川の字型に昼寝をしていた光景は、僕の心に焼き付いている。

もし息子の級友がペロを公園から拾ってくれなかったら、ペロは生後まもなく白骨化していたかもしれない。しかし、ペロは我が家の愛犬になって、大きな喜びを家族にもたらし、十七年三ヶ月も長生きしてくれた。

ペロは最期も立派だった。老いたある夜、妙に苦しそうに啼くので、翌朝、犬猫病院に連れて行くと、医者に「もう齢ですね。あと一ヶ月もてばいいほうでしょうか」と言われた。

「これではきっと寝込むな」と思い、急いで布団屋に行き、ベビー布団を注文した。しかし、ペロは犬猫病院に行った翌日に死んでしまった。結局、寝込むことは、一日もなかったわけだ。家族に大きな喜びを与え、老いては家族にほとんど迷惑をかけることもなく、他界していったのだ。

庭の片隅にペロを埋葬し、墓石の周囲に石を四個置き、「ペロ、家族が一緒だよ」と語り掛けた。あれから十三年も経つが、「ペロ」と言わずに過ごすことは、一日としてない。ペロは亡くなってからも「管理責任者」として、文字通り草葉の陰から庭を見守ってくれている。また、息子や娘がそれぞれ独立し、夫婦二人だけの暮らしになった僕たちに些細な争いが持ち上がった時など、「ペロ」という一言でそれが和むようになった。まさにペロは死してなお、僕たちのために有益な存在なのである。

ところで、作家の中野孝次さんが『ハラスのいた日々』(文春文庫)という美しい本を書いている。変化に乏しい中年夫婦の日常を雄の柴犬ハラスが活性化し、ハラスの目の輝きが、著者の生命の輝きになったという。また、犬を通じて多くの人々と知り合い、自然にも親しむことができた。犬との共生を通して他の動物や自然をいとおしく思い、「犬の立場になってみると、人間同士では見えないものが見えて」きて、「犬という親しい命への想像力と共感を失うとき、人は人としてだめになってしまうに違いない」という思いを綴っている。犬を飼ったことのある人には一つひとつが頷け、しばしば感動して泣かされる本である。

また、『ハラスのいた日々』にも言及されている平岩米吉さんの『犬の行動と心理』（築地書館）は、犬に関する名著だ。平岩さんは、多くの犬を飼い、人にとって最も親しい友である犬の生態を科学の眼で分析するだけでなく、深い愛情によって、生きた犬そのものを深く理解し、実際の体験に基づいた犬との交流を、平易な文章で記述している。

このほか、犬の物語には、童話である『フランダースの犬』や、ジャック・ロンドンの『荒野の呼び声』や『白い牙』、ジョン・スタインベックの『チャーリーとの旅』や、ギュンター・グラスの『犬の年』、そしてちょっと怖いところではスティーヴン・キングの『クジョー』やコナン・ドイルの『バスカヴィル家の犬』など、いろいろあるだろう。

犬を飼い、透析ベッドで犬の本を読むことは、きっと楽しいにちがいない。

このように回想しながら、僕たちの人生において十七年三ケ月も交わりを共にし、苦楽を分かち合った愛犬ペロの思い出を、以下に綴ってゆくことにしたのである。

思い出は日常のふとしたきっかけで浮かんでくることもあるが、加えて、僕は中学時代から独特の日記に日々の要点を記してあるので、日記を再読することによって、ペロとの交わりが改めて蘇ってくるだろう。

目次

ペロの我が家での一日目

柴犬ペロは、長男正和の小学校の同級生に、近くの森林公園に生後間もなく捨てられていたところを拾われ、我が家に連れてこられた。一九九三年十月二日のことである。毛はふさふさとしていたが、まだ身体は小さく、その割には、鼻が大きかったことが、第一印象だった。鼻の大きさは、飼い主にも信じられないほどの、その後の急速な成長を示唆していたのだろう。同級生は、「飼わないか？」と言って連れてきたので、こちらとしては犬を飼ったこともなく、犬の飼い方については全く白紙の状態だったが、恐る恐る飼い始めることにしたのである。それがどんなに大変なことになるか、その時は想像すらしなかったのだ。

とりあえず玄関に段ボール箱を置き、その中にぼろ布を敷いて、飼い始めた。まだ小さいので、いったん牛乳を皿に入れて与えると、ピチャピチャと音を立てて飲んでくれた。捨てられてから、飲食はとっていなかったことだろう。よほどお腹がすいていたに違いない。

牛乳を飲ませてから、ダンボール箱のぼろ布の上に身体を横たえると、しばらくは静かにしていたが、その後が大変だった。家族は四人とも二階の寝室に上がったのだが、さて寝ようとすると、階下でひよこの様な「ピヨ、ピヨ」という鳴き声がした。そこで僕が階下に降りてみると、ペロが玄関の横板に両足をかけて、二階に向かって「ピヨ、ピヨ」と啼いているではないか。

かわいそうに、生まれて間もない身で、母犬から引き離され、捨てられるという衝撃を受けた後で、今度は全く見知らぬ環境に連れてこられたのだ。ペロは、新しい「家族」に対して「安心感」を抱いたのかどうか定かではないが、とにかく二階に上がった家族に対して「ピヨ、ピヨ」と自分の気持ちを訴えかけていたのだ。もしペロの言葉が理解できたのであれば、どのような気持ちを表わそうとしていたのか、想像に難くない。

ペロを抱き上げて膝の上に乗せ、優しく語りかけながら、背中をさすってやった。また、小さな声で「カ〜ラ〜ス、なぜ啼くの」を歌ってあげた。それは、まだ幼かった長男の正和を抱いてあやすときの僕の主題歌だったからである。ある時、正和を僕の実家がある千葉県に連れて行ったとき、環境の変化によって、夜泣きした時、僕が抱き上げて、「カ〜ラ〜ス、なぜ啼くの」を歌うと、たちどころに泣き止んだのである。ペロもやがて寝入ってしまった。衝撃に次ぐ衝撃で、疲れ果てていたのだろう。ダンボール箱にそっと戻すと、今度は幸いにも朝までずっと眠ってくれたのである。そのようにして、我が家におけるペロの「一日目」が終わった。

僕は、大学の職場で研究・教育・委員会活動に忙殺され、妻の愛子はいくつかの大学で非常勤講師を務め、正和や和泉は小学校、そして学童保育やリトルリーグの活動に明け暮れていた当時のことであった。

飼い始めの日々

飼い始めの日々を振り返ると、僕は、すでに述べたように、けっこう多忙であった。勤務先の大学では、研究や教育に加え、いくつかの委員会活動に忙殺されていた。また、出版関係では、愛子と『天使の博物誌』（三交社）の共訳に

小学生時代の正和や和泉とペロ

日々の時間を割いていた。正和や和泉は、小学校や放課後の学童保育などで、子供ながらに忙しかったはずだ。

ペロは、母犬から切り離された寂しさや新しい環境のために、しきりに啼いて僕たちを困らせたが、次第に新しい家に慣れてきて、昼間は庭で遊んだりしていた。

今になって鮮明に思い出すことは、ペロにとっての「危機」であった。玄関に置いた段ボール箱から出て、歩き出したのは良いのだが、正和が玄関のドアを開けて外へ出ようとした時、ペロはその後について出ようとして、危うく重いドアに脚を挟まれそうになったのだ。僕が気付いて、とっさにドアを抑えたから大事に至らなかったものの、あと一瞬遅れていたら、生まれて間もないペロは大けがをしていたかもしれない。

ところで、飼い始めの日々で、なぜかペロはしきりに飼い主を噛んでいた。それは愛情表現だったのか、あるいは何らかのストレスを発散するためだったのか、わからない。まだほんの仔犬とはいえ、噛まれると、やはり痛かった。そのことに慣れるのに時間がかかったが、ようやく十一月二十六日の日記に「ペロに噛まれることにも慣れてくる」という記述がある。

和泉とかつてペロが捨てられていた森林公園まで散歩に出かけ、正和は長男として、家のシャッターの開閉やペロの時折の散歩を担当していた。ただし、もっぱらの散歩は、両親の肩に降りかかってきたのである。十二月十八日の日記には、「ペロは散歩が上手になる」という記載がある。

雪の中でペロと遊ぶ正和と和泉

やがて年末が近づき、僕は正和や和泉を連れて、千葉県に帰郷し、愛子は埼玉に残った。これでわかるように、犬が家にいると、もはや家族そろっての旅行は無理なのであった。「ペロ、食事をここに置いておくから、留守中は独りで食べていてね」というわけにはいかないのである。もちろん、家族での海外旅行は不可能である。

故郷では、先祖が眠る墓までの長い道を、正和や和泉と一緒に掃除したり、餅をついたり、餅を切ったりした。三十日に埼玉に戻ってきたが、犬好きの隣人にペロの世話を一時頼むこともあり、あれこれ雑事を片付けながら、ペロを含めた最初の正月を迎える準備をしたのである。

最初の走り

まだ息子の正和と娘の和泉が小学生の頃、生まれて間もなく我が家にやってきたペロは、少しずつ身体が大きくなっていた。幼少期を過ごした玄関の段ボール箱から出て、庭に新しく作った犬小屋で暮らすようになった。そんなある日、妻の愛子を含めて、家族中で走り始めたのだ。いわゆるジョギングである。すると、驚いたことに、ペロが家族と一緒に走り出したではないか。いくら庭を元気に走り回れるようになったから

外の犬小屋で暮らすペロ

といって、まだまだ仔犬なのである。果たして、人と一緒に比較的長い距離を走りとおせるものか、不安であった。しかし、実際、僕たちは、半分は不安で、半分はペロと一緒に走ることに興奮していた。

家を出て、近くの坂戸グランドホテルの前で左の道に曲がり、そのまま小川沿いに走り、坂戸コンドミニアムを経て、家に帰ってきた。ゆっくりとだが、二十分くらい走っただろうか。妻は、普段から運動をしているので、元気いっぱいに走り、まだ幼い子供たちもそれなりに頑張り、途中でへたばるかな、と心配したペロも結局、走りとおした。ペロにとっては、生まれて最初の走りだったことだろう。ただ流石に疲れたと見えて、庭の犬小屋に横になったまま、いつもは家族が出かける気配がすれば、しっぽを振りながら出てくるのに、この時ばかりは、小屋の中でへたばっていた。

ペロなりに、好きな家族と一緒なので、頑張ったのだろう。飼い犬に対する愛情が増した一日であった。

身体がしっかりとできていないうちに無理な走りや散歩をすると害になる、とどこかの犬の本に書いてあったので、大丈夫かな、と心配したのだが、幸いにもペロはその後も順調に育っていった。

春を迎える時期とそれ以降

ペロは、前述したように、幼少期を過ごした玄関の段ボール箱から出て、庭に新しく作った犬小屋で暮らすようになった。次第に春めいた陽気になったので、外にいても寒気に苦しめられることはないだろう。（ただ、今から心配なのは、厳しい冬の到来である。）

ペロが庭で駆け回る際、雨で庭が泥だらけになっては困るので、近くの越辺川の河原より砂を車で何回か運び、庭にまくことにした。おかげで庭がぬかることは少なくなり、ペロの足が泥だらけにならなくて済んだのである。

僕のこの頃の仕事を書いておくと、大学で各種の委員会が頻繁に開催され、ユダヤ系作家の研究会や読書会も開かれ、ポーランドのアウシュヴィッツ訪問の準備として、研修会にも参加していた。加えて、二十代の始めに、英語塾で教えていた生徒が結婚することになり、帝国ホテルでの結婚式の仲人を頼まれることになった。また、仙台育英学園よりの依頼で、三人の先生たちと「多賀城フォーラム」で教育を語り合う機会を得、また、ユダヤ系作家の研究会で「熊本シンポジウム」を開催し、深夜まで研究を語り合うことなどがあった。

そうこうしている間に、ペロの小屋を置いた庭の片隅に家庭菜園を作り、子供たちとナスやトマトを植えたのである。ペロも野菜の成長に興味を持ったかもしれない。

近所のゴールデン・レトリーバーと戯れる

ペロはこの頃、狂犬病の予防注射を受け、また、えさに混ぜたフィラリア予防薬を飲んだのである。また、この頃、ペロは、ふとしたことで近所に飼われていたゴールデン・レトリーバーと知り合いになり、体格にかなりの差がありながら、会えば二匹で戯れたりしていた。（シャーロック・ホームズを悩ませたバスカヴィル家の犬は、このゴールデン・レトリーバーよりも巨大だったのだろう。）散歩をしていると気付くことだが、ペロには、気の合う犬と、激しく吠えて敵意を表わす犬とがいるようだった。生まれて間もなく、母犬から引き離され、森林公園に置き去りにされるという悲惨な体験の精神的外傷が、長く尾を引いているのかもしれなかった。

山の上にある故郷の墓

僕は、この頃、散歩中に腰を痛めている。何しろ、成長の激しいペロに、あちこちと引っ張り回されるのであるから、この後も、腰ばかりでなく、肩を痛めたりすることになった。こうした散歩は、必ず日に二回、たとえ雨や雪が降っても、嵐になっても、続いたのである。

そのうち一九九四年六月の頃、千葉県の故郷で老いた父が入院したという知らせを受けた。そこで、とりあえず和泉と二人で帰郷し、病院に見舞いに行き、弟の子供たちと故郷の墓を掃除したりした。

　六月半ばころ、今度は家族四人が、早朝に家を出て、故郷に向かい、雨の中で病院の父を見舞った。そして、同日に埼玉に帰るという強行軍であった。一方、独りで留守番をしていたペロはさぞかし寂しかったに違いない。かわいそうなことをしてしまった。犬を飼っていると、非常時にはその対応に苦慮せざるを得ない。

　父の容態は悪くなるばかりであり、ある日は、朝四時からペロの散歩をして、それから片道五時間かけて父の見舞いに出かけたこともあった。

　やがて、かねてから頼まれていた帝国ホテルでの仲人は無事に終了したのだが、帰宅すると、父の容態が悪化したという連絡が入り、僕はそのままの足で故郷へ向かった。その二日後、午後五時四十三分、父は八十五歳で他界してしまった。めでたい結婚式の直後に、寂しい葬儀という人生の悲喜を僕たちは味わうことになった。通夜、葬儀と続いて、埼玉より家族四人で参列したのだが、その間、ペロは独りでどのように過ごしていたのだろうか。犬好きの隣人に世話を頼んだのだろうか。そのことは記録していないし、（父の葬儀のことで頭がいっぱいで）記憶にも残っていないのだが、ペロ、寂しかっただろうね。ごめんね。

ところで、ペロは散歩中に落ちているティッシュ・ペーパーを食べてしまう悪い癖があって、飼い主を悩ませていたのだが、その癖がようやく無くなったのは、七月半ばであった。

近所には、しきりに吠えるペロを憎む人もいれば、犬の食事にと肉を持ってきてくれる優しい人もいた。

正和も和泉も友達の家に泊まりに行く機会が増え、また、我が家でも二人の友達をよく泊めていた。

ペロにとって二度目の冬

ペロは我が家に連れてこられてから最初の冬は、まだ幼かったこともあり、玄関に置いた段ボールの箱にぼろ布を敷いた中で過ごした。今度は二度目の冬がやってきたが、庭の片隅に置いたペロの小屋にじゅうたんを敷いてやった。ぼろ布も入れて、できるだけ温かい状態にしてやらなければいけない。

一九九四年十月九日には、名古屋でアメリカ文学会に参加し、その後、ユダヤ系アメリカ文学を研究するマラマッド協会は、長良川の鵜飼を見物しながら、研究会を開き、夜中の二時過ぎまで討論を続けた。確かこの頃は、会員たちの共著『アメリカの対抗文化』（大阪教育図書）の準備をしていた。そして、僕は、個人的には愛子と『天使の博物誌』（三交社）の翻訳を続けており、また、大学の同僚たちと『アメリカ文学と暴力』（研究社）を執筆していた。

こうした中で、子供たちとペロの散歩をし、ついでにごみ拾いもしていた。子供たちもペロと共に成長し、自分たちで布団を敷いて寝るようになっていた。別の箇所でも触れたが、正和と和泉がペロを真ん中にして、川の字型に昼寝をしていた光景は、僕の目に焼き付いている。

ペロを真ん中にして昼寝

やがて十一月二十五日の日記には、「ペロを夜間に放して自由に庭を歩かせ、朝の散歩を三時半から五時半に変更する」と記されている。当時は、まだ若かったから、そのような無理もできたのだ。ペロは、ひもを解かれて自由になっても、おそらく庭を少し歩き回っただけで、後は小屋に入って眠っていたのだろう。早朝、小屋に近づくと、喜んでしっぽを振りながら出てくるのであった。

犬の立場

ペロは、二年目の温かい時期を迎えた頃だが、外でよく吠えるので、近所との問題がやや深刻になってきた。犬を飼っている家では、多少吠えても、理解を示してくださるのだが、犬がいない場合では、もっぱら迷惑な騒音となってしまう。相手の立場に立ったら、それは無理もないことだと思う。ただ、近所には潔癖すぎる方もおられ、ペロの騒音やその姿に嫌悪感を示されるので、こちらとしては困った。「あんな犬は、たたき殺してやりたい」というのが、その人の本音であったことだろう。そのうち近所よりペロの啼き声について保健所

へ苦情が届いた、

近所のことであるし、問題がたびたび起こったのでは、お互いに暮らしてゆけない。「どうしたものか」と悩んだ末に、思い切って、ペロを家の中で飼うことにしたのである。

その際、当然のことながら、ペロの身体を洗って、清潔な状態で家の中を歩いてもらわなければならない。玄関に大きなたらいを置き、温かいお湯で石鹸を付けながら、愛子と二人で、ペロの身体をごしごしと洗ったのだ。その時に飼い主はようやく気付いたのだが、ペロの身体にノミがびっしりと取りついでいるではないか。驚いて、ペロの身体を三回に分けて繰り返し洗うと、ようやくノミは一匹残らず、消え去ったのである。

この状態が人間の場合であったら、どうなっていただろうか。われわれは、たとえ一匹のノミであっても、かゆくてたまらず、大騒ぎをするのではないか。それが、犬の立場になったら、どうだっただろうか。犬は、人間よりそうした状況に抵抗力が強いのだ、とすまして言えるだろうか。

ここで千葉県の故郷を思い出してしまう。以前は、年老いた両親と、末の弟夫婦と、二人の子供の六人家族で、二匹の犬を飼っていた。それは親子の犬だった。母犬（チビ）は優しい性格で、仔犬（コロ）はなかなか賢く敏捷であったが、気の毒なことに、いろいろな事情によって、あまりよく面倒を見てもらっていなかったのだ。散歩は滅多にしてもらえないし、犬小屋の環境も最悪だった。

そうした犬たちの逆境において、ある日、僕の老いた母が、犬の身体についていたダニに噛まれるという事件が起こった。母は、その痛みに叫んだものだった。その時、僕は思ったし、母も同意見であった。人間でさえ、たった一匹のダニに噛まれても、痛くて叫んでしまうのだ。それでは、多くのダニに取りつかれた犬の場合はどうなのだろうか。犬だから平気なのだ、とすましていられるだろうか、と。

月に一回だけ埼玉より帰郷していた僕にできることは、残念ながら、限られていた。帰るたびに、親子の犬を散歩に連れて行き、石鹸を付けて二匹の身体を、温かいお湯で洗ってあげることとくらいだった。それでも、散歩のたびに、親子はどんなに喜んで走り回ったことだろうか。散歩に出かけるとなった時、どんなに狂喜したことだろうか。また、身体を洗ってあげた後で、どんなに安らかに眠ったことだろうか。

犬の聴力は、人間の場合をはるかに超えるものだというが、僕が帰郷した時、遠くからでも僕の足音を聞き分け、何回も跳び上がって、僕を迎えてくれたのだ。犬は、こちらが愛情を注げば、それを忠実に返してくれるのだ。

僕は、このように帰郷するたびに、ささやかな努力をしていたのだが、残念なことに、僕の微力が、犬たちの普段の生活向上に結び付くことはなかった。

大きな変化

一九九六年は、ペロにとって三回目の正月となった。僕は六時に起きて、普段の仕事場にしている書斎を和泉と一緒に掃除し、十一時ころ、正和や和泉を連れて、千葉県に帰郷した。妻の愛子は、ペロと埼玉で留守番である。これが、ペロが我が家で暮らしていた期間、正月の定番になったと思う。

故郷では、弟たちと先祖の墓参りをし、親戚の家を訪ね、故郷で飼われているチビやコロの散歩をした。

ところで、僕は埼玉の家では、ずっと習慣として、朝晩、仏壇で祈り、先祖の霊に語りかけている。僕は子供たちにもそれをやりなさいと言った覚えはないが、この頃、正和は自分から仏壇でお祈りをするようになった。そして、二〇二三年の現在、すでに結婚して、我が家より徒歩十分の場所に家を建て、二人の娘（あかり、はるか）を持つ正和は、我が家へ訪ねてくるたびに、娘たちと仏壇に手を合わせてくれる。僕は、特に深い宗教心があるわけではないが、先祖があるからこそ僕がいる、そして正和たちがいる、というつながりに素朴な感謝の念を抱いているので、そうした気持ちが自然に息子や孫たちに伝わっていることをうれしく思う。

正和、潤子、あかり、はるか

日記（二月二十日）には、「ペロの散歩が朝の五時になる」と記載されてある。かつては深夜や、朝の三時半という時期もあったのだから、いくぶん改善されてきたのだ。

八月ころの日記には、二週間足らずの間にペロを四回も入浴させたと記述がある。夏であったからということもあったのだろうが、ペロを家の中で飼うことに決めたのは、この頃であったのだろうか。夏とはいえ、ペロは冷たい水で身体を洗われることを嫌い、自動車の下に逃げ込んだりした。そこで、ぬるま湯で身体を洗うようにしたら、おとなしくしていた。

（すでに書いたが）ペロを入浴させていて気付いたことは、これまで庭に置いた小屋で生活していたためか、また、よく縁の下に潜り込んでいたためか、身体中にノミがびっしりとついていたことである。これがもし人間であったならば、どう感じたことだろうか。おそらく人間はノミ一匹でも大騒ぎしていたに違いない。犬はノミに強いのだ、などと言って、すましていられることだろうか。ペロは、さぞかしかゆかったことだろう。吠えて、そのかゆみを訴えていたのかもしれない。ぼんやりした飼い主は、それをずっと気付かなかったのだ。

度重なる入浴の結果、ようやくノミはペロの身体から一匹残らず消えたのである。

家の中で飼い始めてから、ペロの生活は疑いもなく大きく向上した。暑さや寒さから守られ、外で一人ぼっちで眠ることもなくなり、ひもを解かれて我が家の一階を自由に歩き回れるようになった。そして、ノミや蚊などの害虫からも守られたのである。

家の中で暮らすようになったペロは、こたつのそばで眠る

このことが、ペロの寿命を大いに伸ばしたのではないか。ペロは、平均寿命が十五歳くらいの柴犬としては、十七年三ヶ月も元気に生きてくれた。そして家族に大きな喜びをもたらしてくれたのである。

家の中で飼い始めた発端は、「お宅の犬は吠えてうるさい」という近所からの苦情である。こうした苦情には、こちらも悩まされたが、結局、このことがペロに幸いしたのだ。そして、それは家族にも大きな喜びをもたらしたのだ。ペロにとっても、家族にとっても、外で飼うのと、家の中で一緒に暮らすのとでは、大きな違いがあったのである。ペロは、まさしく「家族の一員」となったのだ。

中野孝次さんの柴犬ハラスも外の犬小屋で生活を始めたが、後に家の中で暮らすようになったらしい。

振り返ると、一九九六年の大きな変化は、ペロを家の中に入れたことだっただろう。十二月二十日の日記には、「ペロに毛布」と記述があるが、ペロが寝る場所に毛布を敷いたのだと思う。

また、一九九六年には、中学時代から歌うことを仕事以外の真剣な趣味にしてきた僕に、大きな影響を与えてくれた歌手の三橋美智也さんが、六十五歳で他界した。

正和に抱かれるペロ

逃亡三回

ペロは庭で飼われていた間は、ひもでつながれており、家の中で暮らすようになってからは全く自由に歩き回っていたが、ふとしたことから、三回逃亡したことがある。

一回目は、かなり長時間、家から離れ外をさまよっていたので、家族は大いに心配したが、幸いになんとか家に戻ってきた。身体が汚れており、疲れた様子だったので、家族から離れた場所で、いろいろ辛い目にあったのかもしれない。

二回目は、こちらがふと目を離したすきに、車が走っている通りに脱兎のごとく飛び出していった。事故を起こすのではないかとはらはらしたが、かなり遠くまで走って行ってからこちらを振り向いたので、手に食べ物を抱えているふりをしたら、それにつられて、幸いにも駆け戻ってくれたのである。

そして、三回目は、こちらがうっかりしたすきにまたも脱走し、隣家の庭に駆け込んだのである。この時は、こちらは恐怖に駆られた。というのは、隣家の主人は、大の犬嫌いであり、かねてからペロの言動を厳しく批判しており、「棒でたたき殺してやりたい！」と明言していた恐るべき人物だったからである。ただ、幸いにも、ペロは脱兎のごとく、隣家の庭から逃れたので、大事に至らずに済んだ。

ペロは命の恩人

振り返って思う。ペロは僕にとって、命の恩人である。

僕は、高校卒業後、二年間は郵便局で働いたが、その後、十一年七ヶ月にわたって、在日米軍基地で勤務した、その中の半分は、夜勤だったのである。六本木にあった米軍将校や兵隊用の宿舎で、夕方から朝にかけて事務員を務めたのだ。

夜勤を終えて少し仮眠してから、大学院の授業に出たり、英語塾に行って子供たちに教えたりしていたが、そのような不規則な生活の中で、体力が著しく落ちてしまった。たとえば、家で浴槽の掃除をしていると、中腰では耐えられず、しゃがみこんでしまうのだった。あのような状態でさらに過ごしていたならば、おそらく僕は病気で倒れていただろう。それを救ってくれたのが、ペロなのである。

家で編集会議、右より濱野、朝日、並木、遠竹、広瀬の各氏

ペロとの毎日二回の散歩は、雨が降ろうと雪であろうと嵐であろうと、欠かすことはなかった。大変と言えば大変だったが、それが僕の体力や脚力を回復してくれたのだ。ペロとの生活がなかったならば、僕は短命に終わっていたかもしれない。改めて思う。「ペロ、ありがとう。お前は命の恩人だよ」。

ちょっとした工夫

一九九七年の初めは、『ユダヤ系アメリカ短編の時空』（北星堂書店）や映像文学（紀伊国屋書店、北星堂書店、大阪教育図書）の出版企画で多忙になり、関係者が我が家に集まって編集会議を開いたりした。職場では、僕は教務主任の二期目を務めていたが、片道三時間以上かかる厚木キャンパスに週一回は泊まっていた。泊まりに出かける前に、妻の愛子に必ず言っていたことがある。「マーちゃんと、和泉ちゃんと、ペロをよろしく。特にペロを」。これが当時、僕の口癖だった。

ところで、埼玉から厚木への通勤に往復六時間以上費やしていたわけだが、電車内では読書したり英語テープを聴いたりしてはいたものの、その場限りの学習が多く、それを何かに（たとえば論文に）集約するという努力が足りなかった。その点は反省しなければならない。

現在（二〇二三年）、千葉県の故郷に月に一回は戻り、空き家になってしまった実家の掃除や、畑の草刈りや山の手入れなどをしている。この場合は、埼玉から片道四時間以上である。過去の反省をもとに、リュックに入れて持参した本の下線を引いた部分を読んで、それから浮かんでくる考えを紙に書いている。それは、その場しのぎではなく、現在執筆中の論文や本に集約されるものなのである。過去の反省をもとにして、少し進歩したかな、と考えている。下線を施した重要部分を繰り返して読み、考え、浮かんでくることを書く。このような勉強を繰り返していると、故郷への往復八時間以上は、たいして苦にならない。かえって普段と異なる環境に身を置き、畑や山の手入れなど、普段と違った仕事をするので、頭や身体が刺激を受け、思いがけない考えが沸き起こってくることがある。それは執筆に役立つ。

ニューヨーク研究のメンバー
右から田中、堀、後藤、金田の各氏、左は須田氏

日記（一九九八年十月四日）には、「ペロの毛布を干す」と書いてある。ペロは我が家に来てから、六年目である。「ペロの身体を洗う」という記録も繰り返されている。また、帰郷するたびにチビやコロの身体を洗っていたから、犬に対する愛情は、ペロだけにとどまるものではなく、周囲の犬たちにも広がっていたのだ。チビの小屋をきちんと作り、中に座布団を入れてやった。

世紀末の暗さ

一九九九年から大学の総合研究所の援助で「ニューヨーク学際研究」が始まった。そこで、入試作業が一段落した三月に、研究会のメンバー五名とニューヨークを旅行した。僕は、ユダヤ博物館やロウアー・イースト・サイドなど、ユダヤ研究に関連した場所を特に注目していた。九日後に帰宅すると、時差ぼけにもかかわらず、すぐペロの散歩に出かけたことは、思い出深い。

とにかく、日常の何かにつけて、ペロとの散歩は絡んでいった。たとえば、それほど頻繁ではないにしても、選挙で投票の折には、必ずペロの散歩がてら、出かけたものである。投票所はいつも坂戸市の市民会館と決まっていたから、ペロはその場所になじみ、興味を持った様子だった。

八月の初旬、ペロはほかの犬とケンカをし、怪我をしてしまった。生まれて間もなく捨てられるという衝撃を体験しているせいか、出会うどの犬とも仲良くなるわけではなく、実際、ペロのえり好みは激しかった。

八月半ば、愛子と和泉はロンドン旅行に出発し、雑踏でスリの被害にあったりしながらも、シャーロック・ホームズを愛読している僕のために、ホームズにちなんだネクタイを土産に買ってきてくれた。ところで、兄の正和の場合、海外旅行はおろか、飛行機に乗ることさえ積極的ではないが、妹の和泉は、妻とカリフォルニア旅行をしたり、友人と香港へ行ったりしている。兄と妹は、それぞれの特質を伸ばしながら、成長しているのである。ところで、妻と和泉の留守中、もちろん、ペロの散歩は、僕や正和の仕事になった。

九月初旬、今度は僕がニューヨーク学際研究の一環として、単独で海外出張した。かつて大量のユダヤ移民が押し寄せたエリス島や、ユダヤ博物館を含めた多くの場所を訪れ、コロンビア大学、イェシヴァ大学、ＹＩＶＯ（ユダヤ調査研究所）の図書館で調査をし、バーンズ・アンド・ノーブル書店で買い物をした。その際、そこで運よくユダヤ系作家ハワード・ファストの講演を聴く機会に恵まれ、購入した彼の本に署名してもらった。僕がこのようにニューヨーク旅行を満喫していた間、ペロは愛子、正和、和泉と散歩を繰り返していたのである。帰国した僕が早速ペロの散歩に出かけると、ペロは留守だった僕の顔をしばらくじっと見上げていた。

家族が次々と海外へ出かけ、僕は愛子と『頭の良いユダヤ人はいかにつくられたか』（三交社）を共訳し、学会活動も多忙であった。当時、僕は青山で夜間クラスを七時過ぎまで教えた後、厚木キャンパスに九時過ぎに到着し、宿泊していた。埼玉の自宅から三時間半かかる厚木への通勤を、このように工夫していたのである。ただし、このために、妻に負担をかけ、子供たちやペロには寂しい思いをさせてしまった。

一九九九年を振り返ると、電車内で携帯電話による騒々しさが増え、所属していた学会の活動に陰りが見え始め、作家の三浦綾子さんなど、僕にとって大切な方々がこの世を去っていた。愛子や僕の実家でも、問題が山積していた。「世紀末の暗さ」とでもいうのであろうか。こうした状況で、ペロが、室内犬として生活に落ち着きを見せていたことが、せめてもの救いだった。

家の中でゆったりとくつろぐペロ

ついに二十一世紀

いよいよ二十一世紀である。四回目のニューヨーク出張では、地図を片手にロウアー・

イースト・サイドを歩き回り、かつて国際会議で知り合ったボストンのバーシャクさん夫妻を訪問し、また、英国を訪れた。学会関係では、七年間務めたマラマッド協会の事務局長を辞めている。マラマッド協会は、確かに多彩な活動を展開し、出版活動も活発であったが、それだけに事務局の仕事は多忙を極め、山あり谷ありの運営であったと言える。

チビは、帰郷するたびに散歩に連れてゆき、身体を洗い、小屋の修理などをしてやったが、かわいそうに、七月になって、交通事故で亡くなってしまった。母が買い物に出かけた時、一緒についていったそうであるが、途中で事故にあったのだ。母は、そのことを悔やんでいたが、同時に「でも辛い夏を外の小屋で過ごすことを思うと、亡くなったことも幸せだったのかもしれないね」と話していた。故郷の家は、末の弟家族が引き継いでいたが、運営がうまくゆかず、そのような家族に飼われていたチビは、幸せな生涯を送ったとは言えない。僕としても、月一回の帰郷では、大したことをしてやれず、自分の非力を悲しく思うばかりである。

チビが亡くなって間もない七月十五日、僕は「ホロコーストの記憶」を論じ合う国際会議に参加するため、英国に向かった。ところが、飛行場でエンジン故障のために、ヴァージン・アトランティック機の離陸が三時間も遅れた。心配しながら、ロンドンにかなり遅れて到着し、大急ぎで予約していた宿舎に駆け込んだ。それでも、カウンターにいた中年の女性が、「遅れても、部屋はちゃんと取ってありますよ」と優しく言ってくれたので救われた。

国際会議でたまたま隣同士に座ったレジネ・バーシャクさんとの交わりが発展する

国際会議の期間は晴天が続き、早朝に宿舎で洗濯をし、会議では、多くの研究発表を聴き、書物を通じて馴染んでいたヘレン・エプスタイン、キャロル・リットナー、エヴァ・フォーゲルマンなどの研究者と出会い、ボストンから参加したレジネとエドワードのバーシャク夫妻と夕食を共にした。レジネ・バーシャクさんは、以前の国際会議で、たまたま隣同士の席に座り、「きれいな字ね。何を書いているの」と話しかけてくれたのが縁で、その後、ボストンのお宅へ何回も泊めていただくような交わりに発展したのだった。ちなみに、僕の字がきれいだ、とほめられたのは、それが初めてだった。

翌日は、バスでオックスフォードに移動し、ホロコースト生存者で作家であるエリ・ヴィーゼルの講演を聴き、夜はホロコースト生存者や研究者を含めた懇親会に参加し、初対面ながら多くの人たちと会話をした。日本からの参加者は少なかったので、このような場合には、積極的に話をするしかない。ただし、時差ぼけの残っている頭と体では、とても整理して会話をする余裕はなく、なかなか疲れた。反省している。メモを取りながら、もう少し落ち着いて話を進めるべきだった。

ロンドンに戻って、戦争博物館を訪れ、日本で最初に「ホロコースト記念館」を設立した大塚信さん、『私は千年生きた』を出版したホロコースト生存者であるリヴィア・ジャクソン夫妻と出会い、十一時過ぎまで話し合った。その後、深夜の地下鉄に乗るという冒険をしたが、乗客には多様な人種が含まれ、地下鉄内はごった返していた。

会議の最終日はウェストミンスター寺院で、著名なホロコースト研究者、マーティン・ギルバート教授による講演を聴き、その後、バーシャク夫妻とくつろいだ気分で、散歩や夕食や観劇を楽しんだ。観劇はユーモアを含めた内容であったが、エドワードさんに「よくわかりましたか」と尋ねられても、英国のユーモアを理解できたとは、とても言えなかった。ユダヤのユーモアを含めて、外国のユーモアを味わえるようになるには、さらなる勉強と人生の修業が必要だろう。

多くの知的刺激を得て無事に帰国したが、会議中に出会ったたくさんの方々に感謝している。この刺激をもとにして、ユダヤ研究を継続してゆかねばならない。帰宅して、しばらくぶりにペロの散歩をした。ペロは、我が

レジネとエドワード・バーシャク夫妻。国際会議終了後のレストランでくつろぐ

家へ来て早くも七年目である。

この後、千葉県に帰郷したが、そこで悲しい目にあった。そこに迷子の犬が、迷い込んで

いたのだ。どこにも行く当てがなかったのだろう。納屋の一角に座り込んで、住む場所を探しているようだった。母が何らかの食べ物を与えて、世話をしていた。僕が頭をなでてやると、うれしがって、僕のほうへ飛びついてきた。かわいそうに、愛情に飢えていたに違いない。だが、僕たちは、いつまでも故郷にとどまっているわけにはゆかない。弟の車で、僕たちが駅に向かうとき、迷い犬は僕たちの車のほうへ一目散に走ってきた。可愛がってくれる人にすがりたいという、必死の気持ちがあったに違いない。その姿は哀れだった。

埼玉に帰宅して数日後、故郷の母から連絡があって、迷い犬を保健所へ渡したという哀しい話だった。僕は、今になって、遅ればせながら、手を合わせている。本当にごめんね。

和泉と、千葉県の田舎で飼われていた柴犬チビ

行く手の光と影

日記（二〇〇一年三月二十二日）に「ペロの下痢」と記述がある。ただし、幸いなことに、ペロは概して丈夫であり、まれに足のけがをした以外、健康だった。さすがに老いてからは、足を引きずるようになったが、それまで食事を残すことはまずなかった。いつもきれいに食べて、皿をピカピカになるまでなめていた。

大学で前期の授業を終えた九月二十五日、五回目のニューヨーク旅行に出発した。出発前に、ロンドンの国際会議で出会ったフォーゲルマンさんとシュライヴァーさんにメールを送り、彼らの著書を読んだ感想を述べ、ニューヨークでできればお会いしたい旨の希望を伝えておいた。

ニューヨークに到着し、ユダヤ博物館やバッテリー・パークで勉強し、宿舎よりフォーゲルマンさんやバーシャク夫妻に連絡を取った。それから五日間イェシヴァ大学に通い、図書館で勉強した。教室を覗くと、黒づくめの律法教師（ラビ）が、分厚いテキストを教卓に置いて、ユダヤ教聖典の講義をしている様子であった。少人数クラスだったが、まだ時差ぼけの残っている頭では、図書館で勉強するのが精いっぱいで、とても授業参観を願い出る気力はなかった。情けないことである。

　図書館でいろいろ文献に当たった後、バーンズ・アンド・ノーブル書店で本を購入し、夜は宿舎で対談や読書案内が豊富なテレビ番組を楽しんだ。宿舎の向かい側の建物からは、飼い犬の散歩に出かける人たちの姿が見え、日本で僕の帰りを待っているペロのことを懐かしく思った。夜は八時まで外は明るかったが、外出を避けて、自炊をし、休息をとっていた。

　翌日は、精神科医でもあるフォーゲルマンさんに彼女の事務所でお会いし、昼食をともにし、署名したご著書をいただいた。ご著書を翻訳する企画を相談し、帰国後、その可能性を探ることにした。一方、シュライヴァーさんは、あいにく旅行中とのことで、残念ながら再会を果たせなかった。それでも、ロンドンでの国際会議の余韻を感じることができた。

　この後、ボストンに移動する際、急行が一時間も遅れたが、バーシャク夫妻と無事に再会し、夜はメキシコ料理をご馳走になった。

　翌日は、エドワードさんの運転する車で、彼が作ってくれた弁当を持って、ユダヤ研究で有名なブランダイス大学を訪問し、図書館でいろいろ文献を調べ、勉強した。レジネ・バーシャクさんがその様子を記念写真に撮ってくれた。伝統あるブランダイス大学でバーシャクさんと勉強して過ごしたあの時間を、いつまでも懐かしく思うことだろう。

ボストンよりワシントンD．C．に移動する日、飛行場よりヒレル・レヴィンさんに連絡を取った。杉浦千畝に関する著作を通して馴染んでいる研究者であったが、精力的な仕事を想像させる大変元気な声の持ち主だった。

ワシントンD．C．では、ホリディ・インや中心部のホテルに宿泊し、ホロコースト博物館の五階にある図書館で歴史家デイヴィッド・ワイマンの十五巻に及ぶ資料集を、メモを取りながら読んだ。

最終日は、ホリディ・インを朝六時に出てダレス飛行場に向かい、飛行場や飛行機の中で勉強しながら、無事に帰国できた。ニューヨークとワシントンD．C．でテロが起こったというテレビ報道を見たのは、それから四日後だった。僕は、爆破された世界貿易センタービルへほんの五日前に上っていたのだ。あの時、ビルのレストラン街で働いていた、鼻筋の通った韓国系の女性はどうしただろうか。「こんな高い場所で働いていて、怖くありませんか」と僕が尋ねた黒人のエレベーター係はどうしただろうか。

世界の激動を感じながら、リヴィア・ジャクソンさんに旅行の報告をし、エヴァ・フォーゲルマンさんにメールを送り、ペロの散歩を再開した。日記（十一月十九日）の記述には、「散歩の靴が擦り切れる」とある。雨でも嵐でもペロとの散歩は続いたのだ。

さしたる病気もせず、二〇〇一年を過ごせたが、故郷では末の弟が亡くなり、その家族は別居し、老いた母が独り残されることになった。ほかにも親しかった人々を多く亡くし、世の中では携帯電話による迷惑行為が増え続けていた。

一方、正和は立教大学法学部に入学し、僕たちの学会で出版した共著や共訳書が、図書館協会の選定図書になり、翻訳文化賞を受けた。

悲喜こもごも

二〇〇二年四月に新学年が始まり、国際交流センターの副所長となって仕事が増えたが、そのような折、ボストンからレジネ・バーシャクさんが団体旅行の一員として来日した。愛子と僕は、帝国ホテルに泊まっていたバーシャクさんに会い、一日を過ごした。青山学院大学や渋谷の神社やホロコースト教育センターや大江戸博物館などを回って、再び帝国ホテルへ戻ったのである。バーシャクさんが所属していた団体は、年配の女性たちで占められていたが、皆さんは、日本の友人たちと単独行動ができるバーシャクさんを羨ましそうに眺めていた。バーシャクさんと共に過ごしたこの日、ペロの散歩は、正和か和泉に頼んだと思う。僕自身がこれまでボストンのバーシャクさんご夫妻のお宅へ何回も泊めていただき、お世話になっていたので、ささやかなお返しができて幸いだった。

来日したバーシャクさんと過ごす

さて、大学の国際交流センターでは、スペイン語圏内に新たな協定校を探していたが、そのような折、エクアドルからパエズさんという国際交流の担当者を迎えることになった。パエズさんと相談しながら、協定校の可能性を探っているうちに、それではエクアドルの大学を訪問し、具体的な協定校の案を練ることになった。そして、現地に赴くのは、副所長になったばかりの僕にお鉢が回ってきたのである。

エクアドルについてほとんど知識がなかったので、出発前の数ヶ月間、(スペイン語は無理だったが)英語や日本語で本を読んで勉強した。そして、七月十三日、エクアドルに向けて出発したのである。ペロの散歩は、出発直前まで続けていたと思う。

飛行場や機内でも時間を効率的な読書に当てていた。ところが、テキサス州ヒューストンで飛行機を乗り換える際、あいにく激しい雷雨のために、離陸が数時間も遅れ、エクアドルの首都キトに到着したのは、深夜であった。まったく知らない国に深夜に到着することは、不気味なものである。まして、旅行案内書には、「高地であるキトは、酸素が少ないので、飛行機のタラップで気を失う乗客がいる」などと書かれてある。はらはらした。出迎えの人々の中に、僕の名前を大きな紙に書いたホテルからの従業員の顔を見たとき、ようやく安堵できたのである。飛行機が遅れたとはいえ、深夜まで待っていてくれた従業員たちの誠意には、本当に感謝した。

ホテルでそれなりに睡眠をとったが、時差ぼけの影響は残っていた。翌朝パエズさんがホテルに迎えに来てくれ、僕にとっては珍しい、赤道の上に建つ記念碑に連れて行ってくれた。その後、協定校を希望するパシフィコ大学のロカ学長に面会し、三人で気候や植物が大きく変化するという地域を走り回り、ある農場内のレストランで食事をした。このように学長自らが多くの時間を使ってくださったので、協定校への熱意を感じた。

ただ、不思議に思ったことは、エクアドルの首都であるキトに、首輪をつけていない犬が歩

ロカ学長は協定校への熱意を示す

き回っていたことだ。同じ光景を東京で見られるだろうか。そして、さらに忘れられないのが、パエズさんの車に乞食がしきりに寄ってきて、物乞いをしていた光景だ。これも当時、東京ではお目にかかれただろうか。

パシフィコ大学のスタッフと留学生、右から二人目がパエズさん

エクアドルに留学して学べることが、ここにも一つあったのだ。それは、日本とは違う生活の状況である。留学し、それを体験して日本に帰ることも、その後の人生で少なからぬ意味があるのではないか。

翌朝、パシフィコ大学のキト・キャンパスを訪れ、学生や教授たちの質問を受けた。学生たちが座る椅子が非常に立派なことに印象を受けた。この大学では、英語やスペイン語で講義を受け、経営学などを学べるということだった。物価が安いことを考えると、「留学の穴場である」と強く思った。単なる語学留学ではないのだ。

さらに翌朝は、クワヤキル・キャンパスに向かい、教授たちや学生たちとの質疑応答に応じた。ただし、こちらのエクアドルに関する知識は付け焼刃であるし、国際交流センターの副所長になったばかりで、関連知識も不充分であったから、努力はしたものの、まさに冷や汗ものだった。

パエズさんは、さらに旧市街を案内してくれ、現地で勉強している日本人留学生と話す機会も作ってくれた。ロカ学長、パエズさん、そして教授たちは、多忙な中で、精いっぱいの努力をしてくれ、誠意を示してくれたのだ。

そこで僕なりにエクアドルや協定校の感触を得て、帰国後は、それを報告書にまとめた。ところが、協定校を決定する会議では、「なぜスペインではなく、エクアドルなのだ?」、「そのような貧しい国に留学生を送って、どんな利点があるのだ?」など、予想もしなかった厳しい意見が出て、副所長になりたての僕は、その対応に苦慮した。しかし、結局、エクアドルの協定校は認められ、「物価が安い、スペイン語や英語が学べる、経営学など専門科目が学べる」という利点が学生たちに受けて、初年度から予想を上回る留学希望者が出たのである。

次に、エクアドルの協定校が進展している中で、八月初旬に、文化・語学短期留学をする学生たちの引率として、英国のノッティンガムに出かけた。受け入れ側の大学担当者の努力で、学生たちのクラス分けや授業が円滑に進んでいった。引率者の僕は、学生たちが授業を受けている間、図書館でパソコンを使って、勉強し、論文を書いた。自宅にいる場合と違って、海外出張で少し緊張しているうえに、異なる言語や環境のおかげで、頭が刺激され、執筆がはかどった。ノッティンガムに学生たちを送っている、ほかの大学の引率者たちとの交流や、ビートルズの生まれ故郷リヴァプールへの旅行や、地元の教会訪問などを経て帰国したが、帯英中は、日本、英国、エクアドルの間でメールが飛び交っていた。エクアドルに関しては、その後、アヴィラ駐日大使にお会いし、また、ロカ学長の来日もあり、副所長になって間もないエクアドル出張の余韻が続いていた。

一方で、青山学院大学と関係の深い米国のガウチャー大学との協定校関係を模索する動きに、軸足が移っていった。ガウチャー大学のアンガー学長とのメールのやり取りや、学長の来日に際してシンポジウムを開催するなどの準備があった。学長より移民の貢献をたたえるご著書を送っていただき、僕はそれを繰り返し読んだ。アンガー学長は、ユダヤ系の人なのだ。これは、僕のユダヤ研究と大いに響き合う機会になる気がした。

十一月十五日、ガウチャー大学よりアンガー学長の一行が到着し、学長の講演の後、学長を含めたパネル・ディスカッションに大学からの学生五名が参加し、僕はその司会を務めた。参加学生の中には、二〇〇二年度より開講した僕の演習「ユダヤ人研究と国際社会」の学生も含まれていたが、各自がよく準備し、役割を果たしてくれた。聴衆からの質疑応答もあったが、僕の演習の別の学生が、ここぞという機会を捉えて、良い質問をしてくれた。米国大使館からの来賓や大学の理事たちを含めた多数の聴衆の中で質問することは、なかなか勇気のいることである。若い学生にとっては、貴重な体験となったのではないか。アンガー学長は、思いやりのある態度で、パネル・ディスカッションに貢献してくださった。この日の夜、僕は大学の公開講座の講師ともなっていたので、ずっと緊張していたが、一日が終わってみると、すがすがしい気持ちがした。

国際交流委員会の仕事や会議などで帰宅が遅くなる日が続いたが、ペロの散歩を家族に任せっぱなしになってしまった。愛子は、腰痛を訴えていたが、散歩中は元気のよいペロに引っ張り回されるので、どうしても身体のどこかが痛み出してくるのだった。僕自身もそのために肩を痛め、しばらく服の袖を通すのに苦労したものだ。こうした状況で年末が近づいていたが、この頃、エクアドルの無農薬栽培のコーヒーを飲んでいた記憶がある。

ところで、二〇〇二年に、愛子が女子栄養大学で水曜日に夜間部一コマを教えていたために、僕のほうでは、午後の会議や、夕方のペロの散歩をやりくりすることで、余分な苦労をすることになった。

電車内では、携帯電話を用いる人が後を絶たず、僕が所属していた学会の一つが活動停止の状態に追い込まれるなど、悲喜こもごもの年末となっていった。

国際交流の明け暮れとペロの成長

千葉県の田舎では、八〇代の母が独居生活を送っていたので、僕が一人で年末に帰郷し、母と年越しそばを食べ、一月二日くらいまで母と過ごした後、埼玉に帰宅し、入れ替わりに愛子、正和、和泉が三人で千葉県に出かけるという習慣になっていた。言うまでもなく、誰かが朝夕ペロの散歩をせねばならず、家族そろっての旅行は全く無理なのであった。

ところで、九月には、アリゾナ州やメリーランド州への出張が控えていた。ノーザン・アリゾナ州立大学を訪れ、国際交流担当者と意見交換をすることと、留学先で勉強に励んでいる青山学院大学の学生たちと話をすることや、メリーランド州のガウチャー大学との協定を探ることが、目的だった。学生たちの面倒をよく見てくれている国際交流の担当者たちと意見交換をすることは、和やかで楽しい体験であったし、現地を移動する際には、時間に正確な運転手にいつも世話になる。各分野の人々が円滑に機能することによって、世の中は運営されてゆくのだ。このことを出張のたびに感じていた。

二月十三日、子供時代より長年お世話になった市川の叔父が亡くなった。僕や弟の民夫が高校卒業後に就職した時、叔父のカメラ屋に下宿させてもらい、叔父は、家を離れて慣れない職場で過ごす僕たちの支えになってくれた。戦争を経た叔父は、いろいろ苦労し、カメラ屋の経営を発展させてきたが、その前向きな生き方は、大変参考になった。叔父の家では、大きな犬を飼っていたが、僕や弟の民夫が犬好きになって、やがてそれぞれ飼い始めることになったのも、元はと言えば、叔父の家での体験が下地になっていたのかもしれない。

五月十九日、遠方通勤のために、それまで厚木に宿泊していたのが、相模原キャンパスが新設されたことで、相模原の研究室に初めて泊まることになった。七階の研究室であるから、見晴らしがよい。机で思い切り仕事をしてから、適当な時間になると、絨毯の上に段ボールを敷き、その上に運び込んだ布団を載せて寝るだけである。研究室の近くに湯沸かし器が設置されてあるし、夕食は外で済ませ、翌朝の食事は準備したおにぎりかパンで済ませた。埼玉の我が家では、今頃、ペロが散歩から帰っただろうなあ、と想像していた。次第に蚊の季節が近づくので、ペロのためにフィラリアの薬を準備しなければならない。

七月十七日、前期の授業が終了した翌日、今回はマレーシアの出張に出かけた。飛行中は有意義に勉強でき、到着後、豪華なプリンス・ホテルの二十階に宿泊し、マラヤ大学で午前中に国際交流の打ち合わせをし、カフェテリアで昼食後、図書館で夕方まで勉強していた。

マラヤ大学の国際交流担当者と話す

翌日もマラヤ大学図書館で勉強し、カフェテリアで学生たちと共に楽しく昼食を取った。さてホテルへ戻ろうとしたが、タクシーがなかなか捕まらない。そこを、親切な現地の女子学生たちが助けてくれた。夜十時過ぎの飛行機に乗り、翌朝六時過ぎに成田について、お礼や報告のメールを送った。

ペロは、十歳になったが、我が家の一階を自由に歩き回り、夜はこたつのそばで眠り、元気に暮らしている。

家族とクリスマスを過ごすペロ

九月十六日は愛子の誕生日であったが、この日にノーザン・アリゾナ州立大学に向けて出発した。これまで何回も会った国際交流の担当者マシューさんが出迎えてくれた。宿舎で洗濯や入浴の後、五時間ほど勉強した。翌日は、大学でなじみの担当者と話し合い、青山学院からの留学生二名と出会い、ユダヤ研究所を訪問した。その後、マシューさんとタイ料理を味わった。

続いて、メリーランド州のガウチャー大学を訪問する予定だったが、あいにくのハリケーンのために、担当者に連絡したうえで、予定を変更し、フェニックス、ロサンゼルスと回って、帰国した。ガウチャー大学のアンガー学長との夕食や、『宗教が邪悪化する時』の著者、チャールズ・キンボール教授との出会いは、残念ながら、果たせなかった。

年末にかけて、近所の整骨院に愛子と通院している。左肩を痛めたのは、散歩中ペロに引き回されたためだろう。

広大な宇宙の中で人や犬の営み

例年のごとく、大晦日を母と過ごし、二〇〇四年の元日は六時に起床し、雨どいを掃除し、家の壁を洗い、墓に通じる山道を掃除した。親せきや知人たちと新年を祝った後、四日に埼玉へ帰ってきた。入れ替わりに、愛子と和泉は千葉県に向かったが、就職準備の忙しい正和は、キャリア・センターに通っていた。こうして、人は、それぞれの生活に追われている中で、探査機ボイジャーが火星に着陸し、かつてH．G．ウェルズが空想科学小説『宇宙戦争』（一八九八）で書き、カール・セイガンが『コスモス』（一九八〇）で説く宇宙の探索が展開していた。

さて、これも例年のごとく、職場の国際交流センターの仕事に従事する中で、一月十六日、僕はペロの散歩中に横転し、二十日には中学の同窓生、加曾利治夫君が病気で他界した。この頃、正和は毎晩遅くまで勉強し、和泉は朝食を食べながらでも勉強していた。勤務先の大学でも、学生たちは以前と比べて受講態度も真剣になっていたが、若い世代は、それなりに激動の時代に対応しようと努力しているのだろう。

退職した現在（二〇二三年）とは違って、当時、教育・研究や国際交流センターの仕事に関して、国内・国外を問わず、毎日多くのメールが飛び交っていた。その傾向は、前年度、ハリケーンのために訪問が延期された）ガウチャー大学や、メリーランド州立大学への出張が迫るにつれて、増大した。

出張は、大学での講義が一段落した翌日に始まったが、おそらくいろいろなことで疲労が蓄積されていたためか、成田から飛行機が離陸して間もなく、気持ちが悪くなり、気を失ってしまった。急に血圧が下がったためかもしれない。たまたま飛行機に乗り合わせた医師やスチュワーデスを含めた多くの人たちにお世話になった。

雪の中でガウチャー大学を訪問し、副学長や多くの教授たちと会談し、理事長らの案内でラヴリー・レイン教会を訪れた。また、何名かの教授の研究室にお邪魔して、研究や教育を話し合ったが、それぞれの温かく真剣な態度に感銘を受けた。

次のメリーランド州立大学では、国際交流の担当者ミランダさんと話し合い、彼女の案内で大学の日本研究者たちとの夕食に招待された。小津安二郎監督の映画を含めて、日本研究の話に花が咲いたが、若いころからモック・ジョーヤの『日本事情』を愛読してきた僕にとって、楽しいひと時だった。深夜にミランダさんと別れる際、彼女は、早朝に出発する僕の安全を祈ってくれた。バックパックを背負っただけのミランダさんは、ひょうひょうとしていて、おもしろい人だった。

少し眠った後、三時に起きて、飛行場に向かった。帰国後は、お世話になった関係者にお礼のメールを送り、出張報告を出して、普段の生活に戻った。その後しばらくの間、ガウチャー大学やメリーランド州立大学で出会った人たちからの連絡が続いた。その場限りではなく、余韻が残る対応に、僕はさわやかな気持ちを抱いた。

六月七日、ガウチャー大学より僕がメール交信を続けていたディキャロリ教授が来日し、協定校の件で深町院長にも会った。僕は、ディキャロリ教授との再会を喜び、彼にガウチャー大学訪問時に撮った写真を渡した。彼の専門は、教育学だったかもしれない。もし彼がユダヤ研究に従事していたならば、今でも彼とメール交換をしていることだろう。

六月一日、弟の民夫がかわいがっていた犬のオチョが、十四年六ヶ月の生涯を閉じた。深夜であった。僕や民夫が子供の頃、家では猫のオチョを長いことかわいがっていたが、民夫はその思い出にちなんで、愛犬の名前を付けたのだろう。

六月二十二日、今度は、近所でペンキ屋をしている鈴木さん夫婦がかわいがっていた小型犬ラン丸が亡くなった。ペロとも仲が良く、二匹はよくじゃれ合っていたものだ。ラン丸の元気がなくなって、鈴木さんの奥さんが膝に抱いて身体をなでてやっているうちに、「クーッ」と啼いて亡くなってしまったのだという。かわいがってくれた飼い主へ最期の気持ちを表したかったのだろうか。鈴木さんたちは、ラン丸を火葬にして、その遺骨を庭に埋葬したのだ。我が家へ大きく引き伸ばしたラン丸の写真を持ってきて見せてくれた。

七月五日、ガウチャー大学のディキャロリ教授に『青山学報』を送ったが、彼はすぐに返

弟の民夫の家族、むつ子さん、保徳君、真美さんとオチョ

事をくれた。筆まめな人なのだ。きちんと自己管理や時間管理をし、てきぱきと仕事をしている人でないと、なかなかできないことだ。若い教授だったが、今でもガウチャー大学で教えているのだろうか。

七月十七日、僕が帰郷している間に、愛子は散歩中にペロに鼻を噛まれてしまった。どうしてそのようなことになったのか、わからない。ペロは虫の居所が悪かったのだろうか。毎日かわいがって世話をしてくれる飼い主を噛むとは、どうしたことだろうか。

九月二日、今回は国際交流委員会の仕事と僕のユダヤ研究を兼ねた出張である。成田空港で、学会で共に活動してきた東京女子大学の今村楯夫さんに出会い、彼の飛行機が離陸するまで、研究のことなどを話し合った。さて、夜十時頃にボストン近郊の駅に着いたが、それは全くの無人駅だった。周囲には暗黒が広がっており、予約したホテルの方向さえわからない。途方に暮れていたが、やがて駅に歩いてきた若者に道を尋ね、ようやくホテルを探し当てることができた。

翌日は、ホテルで昼寝や勉強をしながら、『ホロコーストの子供たち』の著者、ヘレン・

エプスタインさんに面会する準備をした。あいにく地下鉄の事故が起こったが、十分に時間の余裕をもって出発していたので、約束の時間にエプスタインさんに出会うことができ、ホテルの庭園レストランで二時間ばかり話した。後に、仕事で来日されたエプスタインさんのご主人や、卒業旅行でアジアを訪れた息子さんとも交わることになった。ご一家には、キャプテンという柴犬が飼われていて、我が家の柴犬ペロと、写真の交換もあった。

早朝にボストンを出て、サンディエゴのホリディ・インに泊まり、サンディエゴ州立大学の国際交流担当者のフェデレさん（女性）と話し、青山からの留学生と面会した。また、一クラスを聴講し、図書館で勉強した。このようにして、その大学の雰囲気を味わうのもいいものである。なお、フェデレさんは、同じ年の十一月八日、青山学院大学を訪問してくれた。

次は、ノーザン・アリゾナ大学を目指したが、あいにく飛行機が故障して到着できず、その夜は飛行機会社が世話してくれたホテルに臨時に宿泊することになった。大学の担当者には、事情を伝えておいた。遅れて到着した大学では、国際交流に献身的なマシューさんやダイアナさんと話し、五名の青山からの留学生にも会った。そして、ホロコースト生存者であ

ホロコースト生存者、ルバスキーさん夫妻と話す

るルバスキーさん夫妻と有意義な会話をした。

ロサンゼルスで就寝後、勉強をしながら、帰国の途に就いた。帰国後は、お世話になった人たちとメールのやり取りをし、旅行の余韻を楽しんだ。その中でも、若い頃にインドから渡米して、雪の中で迎えの人をずっと待っていたというダイアナさんは、辛い体験からいろいろ学び、留学生を献身的に世話していた。その姿が、僕の記憶にずっと残っている。

日記には、「大雨の中でペロの散歩」（十月九日）や、「深夜にペロの散歩」（十月十七日）という記述がある。ペロは

ノーザン・アリゾナ大学のスタッフ、左から二人目がダイアナさん

大雨の中で、両耳を閉じて歩いていたことを思い出す。いずれにしても、僕がまだ比較的若かったから、できたことである。

　年末には、雪の中を帰郷し、神棚の掃除をし、墓参りをした後、こたつに入って勉強した。

サンタ・バーバラの思い出

二〇〇五年三月に入って、映画『さよなら、クロ』を二回見た。クロによって、青春時代の悩める若者たちが慰められ、一生懸命に生きる犬によって教えられ、自殺も思いとどまるという内容だった。犬が周囲に与える影響は、大きいものだ、と改めて感じた。

　正和は、立教大学を卒業し、自動車教習所も修了し、坂戸市役所へ就職が決定した。僕や愛子は、遠方の大学に三時間以上かけて通勤したが、正和は徒歩十五分の職場であり、その点は恵まれている。一方、和泉は兄と同様、立教大学への入学が決まった。そこで、弟の民夫から、子供たちへ就職・入学祝いをたくさんもらった。

　三月末になって、帰郷の際に便利なように、中古車を購入した。これは、ずっと以前に実行しておくべきことだった。なにしろ田舎では、バスは滅多に走らないし、タクシーを呼んでも延々と待たされることが多いのだ。購入した中古車を、養老渓谷駅前の駐車場に置いておくことにした。半年間の駐車場代金は、一万六千円である。長い目で見れば、それほど高いとは言えない。埼玉から養老渓谷までは、論文執筆に集約できる読書を楽しみながら、片道三時間の電車を利用することにしよう。これで帰郷しても、どこへでも自由に出かけることができる。

八月十四日、カリフォルニア州のサンタ・バーバラに向けて出発した。経営学部の同僚ブライアン・ダフさんの後任として、ビジネス英語研修をする学生たちの引率である。宿舎に到着し、ダフさんと引き継ぎを行ない、海外研修の現地責任者たちと和やかな食事をした。翌日は、広大なキャンパスのツアーに参加し、ビジネス英語クラスを参観し、参加学生と話し合った。二日目は、午前中のクラスを見学し、午後は図書館で勉強し、夕方は参加者が好きな物を持ち寄るポットラック・パーティで大勢の人と楽しく話した。

日本の田中学部長からは、将来の国際交流の拡大に向けて現地の学部長と話し合うよう指示があり、それを果たした後、学生たちとバスによるラスベガス旅行に出かけた。ラスベガスの夜を味わったが、人工的な環境の中で、賭博にのめりこんでいる人々は、顔が青白く見え、奇妙な姿に映った。それは幻想的な光景だった。

翌朝は、快晴に恵まれたグランド・キャニオンへの旅行に出かけ、セスナ機での飛行を体験し、夜は再びラスベガスを歩き回った。警官の配備が行き届いているとはいえ、深夜のラスベガスを歩くのは、やはり不気味だった。

やがて、ビジネス英語研修の修了式に至った。その後、ロサンゼルス空港で飛行機のエンジン故障のために三時間も待たされた挙句、遅れてゴールデン・ブリッジなどの観光をし、翌朝はバスでサンホセに向かう途上でガイドの説明が続いたが、ほとんどの学生は疲れて眠りこけていた。

こうして、サンタ・バーバラの研修を終わり、それぞれが思い出を胸に帰国し、田中学部長よりねぎらいの電話を受けたのである。帰国後は、お世話になった関係者とのメール交換がしばらく続いた。

十月十日、ペロの朝の散歩は五時半になる。

ペロの入院と、母の病気

二〇〇六年二月四日、「老犬クー太十八歳」というテレビ番組を偶然に観たが、思わずペロの将来を想像してしまった。現在は、元気に庭を駆け回り、散歩のときは飼い主を引っ張り回して僕たちの腰痛や肩の痛みの原因を作っているペロも、やがてはあのように老いてゆくのか。

三月十一日、福岡に住む愛子の長兄の秀夫さんよりペロの足ふきが届いた。遠方にいても、このように心配りをしてくれ、感激してしまった。秀夫さんは、僕と愛子が結婚する際にも、「和ちゃんなら、きっと愛子をかわいがってくれる」と、僕たちを支援してくれたのだ。一方、愛子の母は、かわいい一人娘を「どこの馬の骨」ともしれない男に奪われる哀しさと憎悪で、あまり親身とは言えない対応をしてくれていた時だったのだ。なにしろ僕は、当時、在日米軍基地の宿舎で夜勤をしながら、大学院の修士課程に通っていたのだから、将来どうなるとも分からず、愛子の母に「どこの馬の骨」と見なされても、仕方がなかった。そのような時であったからこそ、秀夫さんの温かい支援が身に染みたのだ。

四月八日、今度は「盲導犬クイールの生涯」というテレビ番組を観た。若い夫婦にかわいがられながら成長し、盲導犬として一人の盲目の男性に尽くし、その後も社会に貢献し、老いて元の夫婦のもとに引き取られ、感謝されながら生涯を終えてゆく物語だった。環境が変転する中で、職務にいそしむ盲導犬の姿や、飼い主に対する愛情の示し方に、思わず泣けてしまう内容だった。自分を愛してくれる存在が待っているのだ、まだ自分がやるべき仕事があるのだ。この気持ちが長寿をもたらすのだろう。それは、人でも犬でもほかの動物でも、同様であるかもしれない。

六月九日、仙波副学長とエクアドル大使館に行き、パシフィコ大学のロカ学長と再会した。エクアドルでも政治情勢や国情が変化しており、その中で活動しているロカ学長にも緊迫感が窺えた。かつていろいろお世話になった国際交流担当のパエズさんは、元気だろうか。

八月八日、ペロは入院した。何の病気であったのか、今は思い出せないが、一日たってペロを車で迎えに行った。獣医さんの「ほら、お父さんのお迎えだよ」の言葉に、ペロはしっぽを振りながら出てきた。「甘えん坊の犬ですね」とお医者さんに言われてしまった。入院中は、おとなしくしていないで、獣医をてこずらせたのだろう。我が家以外で寝た経験がないのだから、無理もない。これは一軒目の犬猫病院であり、獣医は良さそうな人だったが、奥さんの尻に敷かれているようだった。

後でもっと近い病院があることが分かったので、屋上に小屋を建てた犬猫病院に移った。そこでは、「ペロちゃん」と書かれた診察券をもらい、脚の腫物や、老いて後ろ足が不自由になった時、世話になった。

最後に通ったのは、「ブン犬猫病院」だった。

八月二十日、ホームステイをしながら職業体験をする三十四名の学生たちの引率としてロンドンに向かった。学生たちを受け入れてくれる家庭を探すことや、職業体験を世話してくれる店などを確保することは、現地に詳しい人の助けなしには無理なことであり、黒川さんという女性が、現地に長く暮らし、この企画の実際的な担当者であった。

日本からの引率教員として、理工学部のペイゲル教授と、リィーディ教授、そして経営学部から僕であった。三人は、ホテルに滞在しながら、順番に引率の仕事に当たった。学生たちがお世話になっている家庭や職場の訪問、シェイクスピアの生誕地やオックスフォードなどへの旅行の随行、などが任務に含まれていた。これも現地に詳しい黒川さんの援助なしには無理であり、僕は彼女としばしば食事を共にしながら、学生たちが過ごす家庭や職場を巡った。

黒川さんは、帯英中にお父さんが病気で倒れた話をしてくれたが、あいにく僕にも、母が脳血栓で倒れたという日本からの連絡が入り、驚かされた。学生たちが学んだ成果を示す発表会が近づいていたが、僕はまずまずの成果を喜ぶと同時

家に留学生や学生チューターを招く

に、胸の中では故郷の母の容態が心配で、居ても立ってもいられない気持だった。しかし、このような宙ぶらりんの不安を海外で味わったことは、貴重な体験だった。

引率の任務が終了して帰国後、すぐに帰郷し、母の看病をした。海外体験のない人には想像しがたいことだろうが、時差ぼけで頭がガンガンする中で、このように行動するのは、つらいことだった。

職務を果たす人たち

十一月一日、オレゴン州立大学に向けて出発。出発前に、現地の大学の国際交流担当者や、留学している学生たちにメールで連絡を取っておいた。現地の飛行場に到着し、好感の持てる、話し好きのタクシー運転手にホテルまで連れて行ってもらう。ホテルでは、洗濯、昼寝、勉強をした。朝七時半に外は明るくなり、早めに訪れたオレゴン州立大学では、国際交流担当者と、今後の活動について話し合った。

翌日、予約してあったタクシーにオレゴン州のユージーンまで連れて行ってもらう。運転手が、予約時間をきちんと守って現われ、職務を果たしてくれた。海外で緊張して行動している時、きちんと心配りを示されると、ことさらにうれしい。

今度は、オレゴン大学で青山から留学している七名の学生に会って、いろいろ話をした。学生たちは、事前に連絡してあったとはいえ、約束の時間と場所に全員がそろって待っていてくれた。全員が女子学生であった。彼女たちの留学生活を考慮し、また、彼女たちの勉強ぶりを探るうえで、日本語ではなく、英語で話した。それなりに楽しく会話が弾み、遠く日本を離れても、はつらつと留学生活を営んでいるらしい様子が見て取れた。ところで、「大学まで片道三十分を歩く」と日記に書いてあるが、どのような状況であったのか、思い出せない。

翌朝は五時ころにホテルを出て、ホテルの車で飛行場に向かう。仕事とはいえ、早朝に働いてくれた運転手の気持ちが、ことさらにうれしかった。なお、この日に「日付変更線」による日時の変化を体験し、初めてのことなので、やや面食らった。飛行場では、どこかの新聞記者にインタビューを受けたが、細かい内容は、記憶に残っていない。シアトルを経由し、無事に帰国し、お世話になった多くの関係者に、メールでお礼を送った。今回も多くの人々の世話がなくては、果たせない出張だった。

二〇〇七年を振り返ると、職場の大学では、夜間部を廃止して、二学部を新設した。僕自身は、病気で休むことなく、一年を過ごせたが、ペロは用足しが近くなっている。

難病患者としていかに生きるか

「おふくろの味」として、僕は母の料理に限りない懐かしさを抱いているが、概して、母の味付けは、塩辛いものが多かった。みそ汁や漬物が、そこには含まれる。また、夏になると、田舎の我が家ではスイカに塩をたくさん振りかけて食べていた。

おそらく母の塩辛い料理に子供時代から親しんできた影響であろうか、僕も弟も慢性腎不全にかかり、僕の場合は、二〇〇八年四月より人工透析を週三回受ける生活になってしまった。塩分過多の食事は、田舎で農業に明け暮れる日々であれば、労働でたくさんの汗をかくので、問題がないかもしれないが、僕や弟の民夫のように、高校卒業後、机仕事に就いた者にとっては、致命的である。子供の頃の味覚は、なかなか修正できないものだ。僕も弟も、結局、透析患者になってしまった。そこで「難病患者としていかに生きるか」が、この後、僕のユダヤ研究とも絡めて、重要な課題となってゆく。

この頃の日記に、しきりと「ペロと散歩しながら、ごみを拾う」という記述が目立ってくる。なぜならば、おそらく、「難病患者としていかに生きるか」の答えとして、僕にとっての優先事項、すなわち、ユダヤ研究、歌を歌うこと、そしてごみ拾いなどのささやかな奉仕活動に従事すること、を以前よりも意識して実践していたためだろう。

ところで、二〇〇八年六月六日、ペロはこれまで我が家の一階を自由に歩き回っていたが、初めて二階に上がることになった。考えてみれば、これは不思議なことである。どうしてこれまで二階に連れてこなかったのか。ペロは、珍しそうに、僕の書斎などを歩き回っていた。これは、ペロにとっても、新鮮味を覚え、脳を活性化するために良かったかもしれない。ペロが安らかに書斎に寝そべっているそばで仕事をしながら、僕も何やら心が和んでいた。

透析中には、研究メモを読み、印象深い英文を筆写する工夫などをして過ごしていたが、折よくこの頃に、国際交流委員会の仕事を離れたことは、良かった。これまで、リュック一つを担ぎ、諸外国を回っていたが、そうした冒険は透析のために無理になることだろう。もちろん、海外の病院で透析を受けられないことはないのだが、実際、それは億劫であり、今日に至るまで達成できていない。海外を一人で旅行し、多様な場所を訪れ、多くの人々と話し合うことは、大きな楽しみだったが、その楽しみも透析によって失われた。

この頃、正和や和泉は、それぞれの領域で活動しており、僕は、週一回は相模原キャンパスの研究室で寝泊まりしながら、週三回は透析を受け、ペロの散歩とごみ拾いを繰り返していたのだ。

十月二十三日、かねてより僕の演習にユダヤ人講演者として来てくれていたザミラさんの両親がイスラエルより来日した。そこで、僕は三人を東京大学赤門の反対側にある、ちゃんこ鍋料理店に招待し、いろいろ話し合う機会を持った。イディッシュ語作家として初めてノーベル文学賞を受けたアイザック・バシェヴィス・シンガーの息子さん夫婦とその孫である。息子さんは、『わが父アイザック・B・シンガー』で語っているように、父とは幼少の時に別れ、それから二十年間も会うことがなかった。ようやくニューヨークで再会し、父親との精神的な空白を埋めるために、その著作をヘブライ語訳したという。翻訳作業を通して、父と息子は、絆を回復しようとしたのである。それだけでも大変な達成だが、それに加えて、息子はイスラエルで著名なジャーナリストになっているという。

一方、お孫さんは、日本やイスラエルをまたにかけたダイヤモンド商人として活動している。『文学で読むユダヤ人の歴史と職業』（彩流社）でも書いたことだが、国を失って長い流浪の歴史を経たユダヤ人にとって、ダイヤモンド産業は重要である。流浪の中で、身に着けて持ち運びのできるダイヤモンドは、ユダヤ人が新たな地で生活を立て直すために、重宝したのではないか。ちなみに、映画『シンドラーのリスト』において、ナチスに襲われたゲットーを脱出しようと図るユダヤ人たちは、パンに含めた宝石を体内に飲み込んでいる。そうした歴史を持つダイヤモンド産業に携わるザミラさんは、僕の演習や「ユダヤ文化とビジネス」のクラスに講演者として来てくれるたびに、偉大な祖父シンガーに対する理解や尊敬を深めている印象を与えてくれる。

彼の母は、優しそうな婦人であったが、息子が暮らしている日本を知ろうとして、村上春樹の作品などを熱心に読んでいるらしい。僕はこのことに感心してしまった。日本から息子や娘を海外に留学させている母親は多いかもしれないが、その中でどれほどの人が、こうした努力を払っているだろうか。

妻の献身

ペロの最晩年において、妻の介護振りは献身的なものだった。僕は、いつも通りに二階で仕事をし、二階で寝起きしていたが、妻の仕事場は一階である。そこで妻は、ペロと一緒に就寝を始めたのだ。それまでペロは、一階のこたつのそばに独りで寝ていたのである。妻が一緒に寝てくれることになって、絨毯の上で横になっていたペロは、夜が更けるうちに妻の布団の上に上がり、朝になると妻に首を抱かれて眠っているのだった。これは、ペロを安眠に誘うものであったことだろう。それはあたかも、幼い時に引き離された母犬と一緒に寝ている感じであったかもしれない。

さて、それまでずっと順調であったペロの便通は、最晩年には残念ながら、不規則になってしまった。足腰が弱って、思う通りに散歩ができなくなったことも、その要因であったことだろう。妻は、その状態をできるだけ改善するために、ペロの腹をさすったり、手で便を取り出してやったりしていたのであった。これは、とても僕などのできる芸当ではない。妻の献身ぶりには、本当に感心してしまった。それをしていた場所は、玄関横の庭であり、そこに植えてあった植物は、ペロから得た「肥料」のおかげで、生き生きとした緑の枝葉を伸ばしたのであった。

最晩年の散歩は、ペロの後ろ足に補助車をつけた短時間のものであったが、それもペロの衰弱とともに、さらに短縮されていったのは、寂しい限りだった。ただ、こうした短い散歩は、十七年余、雨でも雪でも嵐でも続けられた散歩の名残を惜しむかのように、四人家族が交代で行なった。

最期はひたひたと迫る

どれくらい長くペロに牛乳を与え、いつから「離乳食」に変えたのか、残念ながら記録がない。おそらく牛乳に替えて、みそ汁を与え、みそ汁に入れた柔らかい豆腐や野菜などを、徐々に与えていったのではなかろうか。幸いにも、ペロはこちらが与えるものは、何でもよく食べてくれた。好き嫌いがなかった。直径二十センチくらいの銀色の食器をペロ用と決めていたのだが、その中身をいつもぺろぺろと一滴も残さず、きれいに食べてくれたのだ。これはペロの食事を作る妻にとっても張り合いがあったことだろう。

そのうちに妻は、犬の飼い方の本を読んだかして、「お座り」、「お手」、「お食べ」をペロに教え込んだ。この動作は、ペロの生涯を通して、変わることがなかったのである。

ただ、最晩年になって、体力や食欲が衰え、ペロが「食べ物を残す！」という異常事態が発生したのだ。それは、飼い主にとって、この上なく大きな衝撃だった。

同時に足腰も弱り、犬猫病院に連れて行っても、後ろ足の不自由さが治ることはなかった。それでも散歩をさせないわけにはゆかないので、車輪の付いた身体を支える器具をつけて、近所を回るだけの簡単な散歩を続けた。これも、どんな天気にもかかわらず、散歩をせがみ、散歩が大好きだったペロに慣れた飼い主にとっては、大きな衝撃だった。それでも、「お前は幸せだよ。こんなになっても、面倒をみてもらえて」と、腰がふらふらしたどこかのおばあさんが感心していた。しかし、ペロの最期はひたひたと迫っていたのである。

ペロ十七歳の冬

二〇一〇年一月八日、この頃より「ペロを病院に連れてゆく」という日記の記述が増えてくる。ペロが老いるにつれて、後ろ足が衰え、その治療のために通院していたのだ。

三月二十二日、「ペロは散歩中に休む」という記述がある。元気に走り回り、飼い主を引っ張りまわしていたペロに、これはかつてなかったことだ。それほど体力が衰えていたのだろう。

ペロは十七歳になっていた。人間の場合だったら、八十四歳くらいだろうか。

十二月になって、愛子は、ペロのためにずっと階下で寝るようになっていた。それまで家族四人は、二階で寝ており、ペロだけが一階のこたつのそばで横になっていたのだ。ペロはこたつのそばに寝ていても、朝になるまでに、妻の布団の上に上がって、眠っているのだった。やがて、妻はペロの頭を抱いて寝るようになった。ところが、僕は、相変わらず二階の寝室で寝ており、息子や娘はそれぞれ子供部屋で眠っていた。

やがてペロには、おむつを使うようになっていた。ペロは、排便にかなり苦労するようになっていたのだ。

十二月十五日、この時はたまたま僕も階下で寝ていたが、夜間にペロが何回も弱々しく啼いていた。こんなことは、かつてなかったことだ。きっとペロは痛みを訴えていたのだろう。

朝になって、「ブン犬猫病院」にペロを連れて行った。ペロにとっては、三軒目の病院である。ベンチに座って、病院の玄関が開くのを待っていると、ひざに抱いていたペロが、苦しそうに荒い呼吸をしたので、僕は慌ててしまった。

ペロは、医者に栄養剤などを点滴してもらったが、その治療中に僕のほうを向いて、「こんな治療は嫌だよ」と訴えかけるように啼いた。「もう齢ですから、あと一ヶ月も持てばいいほうではないでしょうか」。これが医者の診断だった。

「これではきっと寝込むな」と思い、愛子と相談して、布団屋にペロのベビー布団を買いに行った。しかし、ペロは犬猫病院に行った翌日午前十一時五十五分に、亡くなってしまった。家族に大きな喜びを与え、老いては家族にさしたる迷惑をかけることもなく、他界していったのだ。

庭に正和と二人で深い穴を掘り、ペロを埋葬した。お墓を作り、ペロの名前を書いた墓石の周りに大きな石を四個置き、「ペロ、家族が一緒だよ」と語りかけた。

ペロの最期

ペロが亡くなる前のある晩、妻と娘がペロの世話をしていた時、何かの理由で、ペロが怒って娘の手にかみついた。また、別の時に、僕がペロの身体を抱きかかえて移動していた時にも、ペロはその姿勢が苦しかったのか、また怒って僕の首のあたりにかみついたのである。娘や僕は、それぞれ痛い目にあったが、それにもかかわらず、ペロにまだそのような力が残っていたことを喜んだのだった。

しかし、とうとうペロの膀胱が開いてしまった。妻はそれを見て、「ああ！」と絶望的な声を上げた。僕は、ペロをそっと抱いて、柔らかい絨毯の上に横たえた。そのままずっとペロのそばにいて、身体を優しくさすりながら、話しかけていたならば、ずっと良かっただろう。実際そのことをせず、ただそばで見守っていたことは、今でも心残りである。

しばらくして、ペロの身体が大きく痙攣し、ペロは口を大きく開けて呼吸をしたが、腹に浮き出た心臓の鼓動は、だんだんと弱くなり、やがて消えてしまった。妻は泣き叫んでペロに呼びかけたが、僕は頭がぼーっとしてしまい、何もできなかった。せめてペロに感謝の気持ちを最後に伝えてあげるべきだった。今でも後悔している。これは、僕の悪い癖であり、いざとなると、頭が熱くなってしまい、機敏な行動をとれないのだ。

ただ、せめてもの慰めは、たまたま僕たち夫婦が家にいて、ペロの最期を看取ってあげたことだった。家族がだれもいないところで、ペロが独りで旅立ったのであれば、それは僕たち四人家族に長い間トラウマとして残ったことだろう。

もっとも、いずれにせよ、家族の一員であったペロを失って、精神的外傷は長く残っている。あれから十三年もたったが、「ペロ」と言わずに過ごす日は一日たりともない。

それでも、正和や和泉は、ペロと暮らしたおかげで、優しい性格が育まれた。他人の世話をしっかりとする子供に育ってくれた。ペロ、本当にありがとう。

犬がいかなる最期を迎えるか。それは、もしかしたら飼い主の最期と無縁でないかもしれない。もし老いた犬を見捨てるような飼い主であれば、飼い主も寂しい悲惨な最期を迎えるかもしれない。

晩年に脚が衰えたペロを補助用具で支えながら散歩中、たまたま通りかかったおばあさんが言ってくれた。「あんたは幸せだよ、そんな風に構ってもらえて」。おばあさんは、もしかしたら、自分の境遇に照らして、そのような感想を漏らしてくれたのかもしれない。

改めて思い返すならば、ペロは生まれて間もなく近所の森林公園に捨てられていたのだ。それは、生後間もないペロにとって、どれだけ哀しい体験であったことだろうか。それを当時、まだ小学生だった息子の級友が拾い上げて、「飼わないか？」と僕たちの家まで連れてきてくれたのだ。もしそれがなかったならば、ペロは白骨化し、朽ちていたことだろう。もし老いたペロに嫌気がさして僕たちが放置してしまったならば、ペロはどんな気持ちがしただろうか。老いて飼い主に見捨てられる。それまでの愛情関係、信頼関係が一挙に破壊される。それはペロにとってどんなに大きな衝撃であろうか。

そのようなことをする飼い主であれば、飼い主自身の末路も寂しく悲惨なものになるかもしれない。

犬の眼、動物の眼

ペロがこの世を去って十三年たった今日（二〇二三年）、改めて反省し、後悔することが多い。たとえば、人間本位の眼で物事を見て、ペロの立場に立ってあげなかったことである。

前にも触れたことだが、僕たち家族四人が食事の度に、ペロを玄関につないでおいた。すると、ペロは毎回激しく啼いて、僕たちはとても食事どころではなくなるのだった。そこで、僕が玄関に出て行って、「ペロ、食事をしているから、おとなしく待っていてね」と言っても、ペロは啼き止まない。食事中、僕たちの会話に「ペロ」という言葉が含まれると、啼き声はいっそう高くなるのだった。そこで、仕方なく、「ペロ、メーッ！」と言って、ペロをたたくことになってしまう。ペロは、かわいそうに、抵抗もせず、身を縮めて、ぶたれるのを覚悟している様子である。

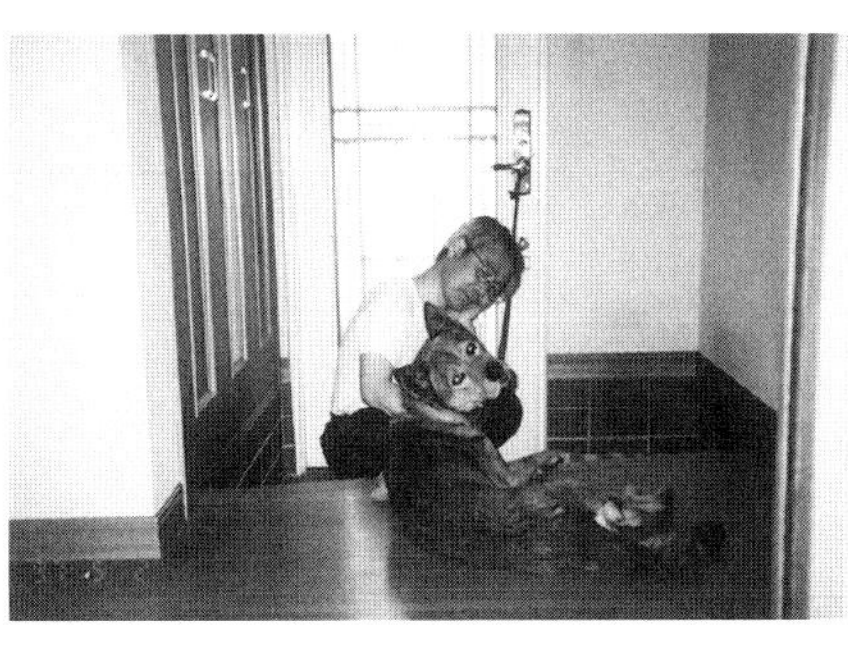

家族の食事中、なぜ僕は玄関につながれていなければならないんだ？

遅ればせながら、今になって思う。ペロは、食事の時、ただ、家族と一緒にいたかったのだ。だから啼き叫んでいたのだ。「僕も一緒にしてよ〜」と。どうしてそのようなペロの気持ちを分かってあげられなかったのだろう。人間は（特に僕は）自分勝手なものだ。気持ちよく食事もできやしない。困ったやつだ、くらいしか考えられなかったのだ。どうして犬の気持ちを分かってあげられなかったのだろうか。

もっとも、ペロを一緒にしていたら、果たしてじっと座っていたかどうかは保証できない。テレビで見ると、そういう場合に、お利口に座って待っている犬もいるようだが、それはおそらくペロには無理な注文ではなかっただろうか。

それでは、別の解決策として、ペロを二階の僕の書斎に連れてゆき、家族の食事の間は、そこでおとなしく待っていてもらう、という手があったかもしれない。水と少しの食事をそこへ置いておくこともできたのだ。そうすれば、ペロは満足し、僕たち家族も平和な気持ちで食事を楽しめたかもしれない。

いずれにしても、生活に工夫が足りない。ただ惰性に流されている。物事が駄目になったら、簡単にあきらめてしまい、さらに一押しする、という努力が足りない。このような反省をし、今になって後悔している始末である。

何か問題が起こった時、それを何とか解決しようと、懸命にならないのは、僕の悪い癖である。ただ惰性で流されている。井上陽水に「人生が二度あれば」という歌があるが、仮にそうなったときには、修復しなければならないことが、僕の人生にはいっぱいある。

犬派？　猫派？

人は、犬が好きか、それとも猫が好きか、どちらかに分かれるのだろうか。僕は、そんなに注意深く観察したわけではないが、どちらかが好きな人には出会っても、両方とも好きだと言う人は、寡聞にして知らない。

少なくとも、これは僕の狭い範囲の見方かもしれないが、周囲の家族を見た限りでは、どちらかに分かれるようである。

僕と弟の民夫がまだ小学生の頃、家に猫がいた。名前は、どうしてそうなったのか思い出せないが、オチヨといった。当時は、千葉県の田舎に住んでいて、家には牛小屋があった。

ある時、その牛小屋の藁を積んであった場所から、生まれたばかりの子猫が数匹落ちてきたのだ。梯子を掛けてみれば、藁を積んであった場所は、土間から七メートルほどあっただろうか。その高さから、落ちたのだから、一匹を除いて、他は死んでしまった。藁を積んであった場所は、柔らかくて暖かく、おそらく野良猫がそこで子供を産んだのだろう。どうして落ちたのかわからないが、とにかく、その事故を乗り越えて、一匹だけ生き残ったのが、オチョだった。

というわけで、民夫も僕も小学生の頃は、猫との交わりが濃密だったのだ。雌猫のオチョは結構長生きしたが、一つの出来事が、強烈な思い出となっている。それは、ある時、オチョが産んだ子猫たちを、とても飼えないと言って、母がどこかへ捨ててしまった時だった。かわいそうに、オチョは子供たちを探して泣き叫び、声も枯れてしまった。ある日、民夫と僕が家の中で遊んでいると、オチョがよろよろと入ってきて、僕の膝の上に乗ったのだ。それは、慰めてほしい、いたわってほしい、と訴えかける姿だった。僕は、その時、もっとオチョを慰めてあげるべきだった、と今になっても悔んでいる。

民夫も僕も猫に親しんだ子供時代を過ごしたのだが、どのようなめぐりあわせか、僕たち二人は、その後、犬派になってしまった。ただ、その後ずいぶん経ってからでも、兄弟が会えば、オチョの話が出たものである。民夫の家族は、オチョと名付けた犬を長くかわいがり、民夫は愛犬が亡くなった日時を正確に覚えている。

いっぽう、末の弟の保夫は、猫派であり、決して犬派ではなかった。保夫が中学生のころ、当時飼っていた猫が保夫を非常に慕っていた。保夫が下校して、家から見える切り割りのところまでくると、猫はいつもそれを遠くから見分けて、いそいそと保夫を迎えに行くのだった。保夫にとっては、それは幸福な時間だっただろう。

しかし、その後、成長した保夫やその妻や二人の子供たちは、猫をかわいがっても、決して犬派ではなかった。家には、チビと呼ばれた母犬と、その賢い仔犬が飼われていたのだが、保夫たちは、犬には無関心であり、犬の散歩には出かけたためしがなかった。散歩をしてもらえない犬は、本当に不幸である。そこで、チビやその息子をたまに散歩させていたのは、老いた母だった。埼玉に住み、月に一回は帰郷していた僕も、犬たちをかわいそうに思って、帰郷のたびに散歩をしたが、僕の力には限界があった。それなのに、チビの僕に対する愛情は、強烈なものだった。ある時、僕が帰郷し、僕の足音が遠くから聞こえたと思ったとき、つながれていたチビは、綱が引きちぎれるほどに跳び上がり、狂喜して、僕が近づくのを待っていたのである。

作家の中野孝次さんは言う、「犬はこちらが与える愛情をしっかり受け止め、それをそのまま返してくれる」と。僕も本当にその通りだと思うし、それがまた犬を飼う醍醐味なのだろう。

ペロの贈物

雨の日も、風の日も、嵐の日も、朝夕二回の散歩を続けたことを含め、いろいろ大変なこともあったが、ペロからもらった贈物も少なくなかった。

一つは、ペロとの交わりによって、息子や娘が、優しい人間に育ってくれたことである。二人とも、成長の苦しみや、思春期の葛藤や、受験など、いろいろ体験したが、ペロとの日々の交わりによって、それが癒されたのである。

また、田舎で長く独居を続けた僕の母は、最晩年を四年以上、埼玉で僕たち四人家族と過ごしたが、異なる環境に良く適応してくれた。家族全員がそれぞれの職場で働く活気ある環境の中で、家の内外の掃除や、家庭菜園の管理や、読書など、最期の日まで朝四時に起床し、「現役」として頑張ってくれた。優しい息子や娘との交わりもそれなりに楽しんでくれたことだろう。

母は、僕のことを「和茂は、短気だけれど、根はやさしい子だから」と僕たちの結婚前に愛子に話していたが、勤労学生としての長い年月や、青山学院大学教員や研究者としての自転車操業の中で、しばしば葛藤に襲われたものの、僕の短気や気ぜわしさもペロとの交わりで随分と癒されたのである。ペロはこちらがどんなに遅く帰ってきても、しっぽを振りながら出迎えてくれた。それがどんなに気持ちを和らげてくれたことか。

そして、ペロとの日々の散歩が、家族の健康増進につながったのである。これらのことで、ペロに深く感謝している。

ペロとの散歩は、基本的に日に二回だった。朝と夕方である。それは、雨が降ろうが、雪が積もろうが、嵐がこようが、欠かすことがなかった。それを十七年三ヶ月の間、続けたのである。我ながらよく頑張ったな、と思うが、同時に半ばそのような自分に呆れている。

庭で飼っていたころは、よく吠えて近所の迷惑になったので、非常に困った。特に、深夜に啼かれると、もう大変であった。そこで、ペロの気持ちを静めようと、冬でも深夜の二時か三時に散歩で一回りすることになった。ペロに対する愛情がなかったならば、とてもやっていられなかっただろう。

また、啼かれると、真夏の炎天下でも、散歩に出かけるときがあった。太陽がぎらぎら光り、道路のアスファルトが溶けそうになっているところを、ペロと一緒に走ったのである。僕たちのその姿を見た近所のマンションで掃除をしているおばさんは、驚き呆れていた。坂戸広しと言えども、そのような状況で散歩をしていた人と犬は、僕たちだけだっただろう。

長年にわたって、坂戸と鶴ヶ島をペロと二人でいろいろと歩いたり、走ったりしたのである。おかげで坂戸や鶴ヶ島のいろいろな場所へ行くことができたし、まだ豊富に残っていた自然に触れることもできた。今でもかつての散歩道を通ると、「ペロ、ここを二人でよく歩いたね」、「あそこの花はきれいだったね」などと、今は亡きペロの魂に呼びかけるのである。

ペロとの散歩のおかげで、僕の脚力が戻り、健康がかなり回復したのだ。在日米軍基地に十一年七ヶ月勤務し、その後半は夜間の宿舎管理であったので、睡眠や食事が不規則になり、かなり体力を落としたのであった。あの当時、中腰で浴槽の掃除をしていると、その姿勢を保つことができず、座り込んでしまったものであった。それほど落ちていた体力が、徐々に回復し、気力も向上したのだった。

それでも、ペロと散歩をしているだけでは、もったいないな、といつも考えていた。そこで、自治会長をしていた近所の岸田さんが散歩をしながら、捨ててある缶や瓶を拾っていることを真似して、僕もペロとの散歩をしながら、その日に回収するごみを拾うことにした。燃えるゴミや、燃えないゴミ、缶や瓶などに分けて、拾ったのである。今日、健康増進のために、また、老いて寝たきりの生活に陥るのを防ぐために、僕の住んでいる界隈でも散歩をしている年配の方々はかなり多い。この人たちが、ただ散歩をするばかりでなく、ごみ拾いもやってくれたら、街中がかなりきれいになって、環境美化が増進することだろう。

ちなみに、僕は、三十歳の頃、ヘンリー・デイヴィッド・ソローを研究する国際学会に参加したことがある。場所はボストンだった。会議中は、初対面の人々といろいろ会話をしたが、その中で、土地の新聞記者のインタビューを受けた。そこで、「愛犬と散歩をしながら、ごみを拾っている、云々」と話したら、それが記事になって掲載されたことがあった。

さて、僕はごみ拾いに加えて、ウォークマンで英語のカセットテープを聴くことも始めた。NHKやFENの番組を百本以上にわたるカセットテープに録音してあったので、それを順番に聞いたのである。このことで、ペロとの散歩は、楽しみを増していった。もちろん、雨や嵐の日には、ウォークマンが濡れないよう工夫した。

このように少し変わった散歩姿であったかもしれないが、犬を連れて散歩している他の人たちとも顔なじみになって、犬を中心とした会話をすることも、僕の気持ちをさわやかにしてくれた。

息子や娘も小学生時代の作文に書いているように、とにかくペロは「無類の散歩好き」であり、炎天下でも散歩したり走ったりすることを好むのだった。力のあるペロにこちらが引っ張られることも多く、そのために僕は肩に痛みが走ることもあり、妻や僕は、転倒したこともあった。それでも、元気旺盛なペロとの散歩を通して、気力や体力を養うことができたのである。

ペロと言語

真夏のある日、居間の冷房をしばらく切っておいたところ、ペロが僕に向かって激しく啼いた。それは、あたかも「暑いよ〜。冷房をつけてよ〜」と訴えているように聞こえた。そこで、クーラーをつけてやると、途端に啼き止んで、冷房の風が当たる最も涼しい場所に気持ちよさそうに座り込んだのだ。居間で冷房をつけると、どこが最も涼しい場所であるか、普段から良く心得ているのである。

（前にも書いたが）家族四人が居間で食卓を囲むとき、ペロを玄関の板の間につないでおくと、決まって激しく啼いた。「ペロ、ご飯を食べているんだから、静かにして」といくら注意しても聞くものではない。これでは、落ち着いて食事をするなど全く無理である。ペロとしては、「家族が一緒に食事をしているのに、なぜ僕だけが結わえられていなければならないんだ」という訴えであったのだろう。食卓での家族の会話に「ペロ」とでも一言出れば、一層激しく啼いたのである。そこでこちらも腹を立てて、ペロを殴ったりしたものだ。ペロとしては、「僕はただ家族と一緒にいたいだけなのに、なぜ殴られなければいけないんだ」という気持ちだったろう。かわいそうなことをしたものだ。

こうした状態を緩和する何らかの工夫はなかったのだろうか。今となって考えれば、食事の前にペロを二階の僕の書斎に連れて行って、しばらく一緒に遊んでから、「ペロ、待っていてね。しばらく独りでお利口にしているんだよ」と言い置いて、一階の居間で食事に専念できたかもしれない。僕はユダヤ研究を楽しんできて、一つの問題をあらゆる角度から検討するというユダヤ聖書の注解タルムードの思想にも親しんできたはずなのだ。それが全然実践できていない。誠に嘆かわしいことだ。

工夫が足りなかったことを今になって反省している。工夫が足りなかったことと、何をするにせよ「もう一押し」が足りなかったことである。これをこれから少しでも改善してゆかねばならない。

一方、ペロは、普段から注意して自分の死活問題を左右する家族を、入念に観察していたのだろう。おそらく、家族をランク付けしていたのかもしれない。一位が僕で二位は妻、三位は息子の正和で四位は娘の和泉であったかもしれない。真夏の暑い時期は、居間に冷房をつけ、家族は雑魚寝をしたが、そのようなとき、どこで寝ようと全く自由なのに、ペロはいつでも僕の隣にやってきて、並んで眠ったのである。

また、僕と妻がそろって外出するとき、娘の和泉が家に残っているのに、ペロはとても不安そうなそぶりを示した。窓に行って僕たちの外出の様子を見、庭を眺めて外出した僕たちを探し、見つからないと、居間のじゅうたんに寝ころび、「クー、クー」と寂しそうな声を出していたそうだ。

ところで、特別にしつけたわけでもないのに、ペロは室内で決して粗相をしなかった、と言い切りたいところだが、実は、老いてから一回だけ失敗したことがある。ある時、ペロが僕のほうを向いて激しく啼いた。それは、切羽詰まって、何かを訴える声だった。僕が「もしや」と思って、ペロに散歩用の綱を付けたときには、残念ながら遅かった。もっと早くわかってあげるべきだった。老いたりとはいえ、これまで室内を清潔に維持してきたペロとしては、無念だったことだろう。

受験勉強中の正和と「超暇人の男」ペロ

ペロと長年同じ屋根の下に暮らしてきて思う。ペロにもきちんとした言語があるのだ、と。そして、犬は、分かる。こちらが真剣に、あるいはふざけて、または愛情を込めて、それとも冷たく、話せば、鋭い勘によって、それが分かるのだ。

昔だったら、人も犬も、狩猟や採集に日々の大半を費やし、洞穴で待つ腹をすかせた家族のために駆け回っていたのだろう。それが、犬の場合、愛玩動物として人に飼われるようになれば、もはや食べ物を探し回る問題は無くなったのだろう。そこで、ペロとしてもそれなりに気を配って生きているにせよ、部屋の中で寝そべっている姿もけっこう目につく。「超暇人の男」と見なされることが少なくなかった。受験勉強で多忙だったころの正和がよくペロに話していたものだ、「おい、お前の時間をよこせ」。

そのようなとき、ペロは、鋭い勘によって、僕たちの感情を読み取っていたことだろう。しかし、それでも、やはり言語による人と犬との会話は無理である。この点に関して、ペロは我が家において、相手の言葉を理解できない「外国人」のように感じていたかもしれない。それでは、ペロは、犬同士では意思の疎通ができていたのだろうか。クジラやイルカには、高度な意思疎通の能力が発達しているというが、犬の場合はどうなのだろうか。

僕たちは、ペロとの「会話」で、真剣さが足らなかった、と今にして思う。そして振返って、さらに反省する。僕たちは、人間同士でも本当に実のある会話を、どれほどしているのだろうか。

ペロは、人ではなく、確かに犬であったけれども、そこには人と犬との神秘的な絆が存在していたのだ。人と犬の絆には、非常に長い歴史がある。その長い歴史の中で組み込まれてきた遺伝子を、僕たちもペロも受け継いでいるのだ。僕たちは、大きな鎖の輪の一環なのだろう。

食事

生まれてすぐに近所の森林公園に捨てられ、我が家にもらわれ、十七年三ヶ月生きたペロは、生涯において食事で手を焼かせることは、全くなかった。日に二回の散歩を終えるごとに、「ペロ、お手、お代わり、お食べ」の決まり文句で食事にありつくペロは、いつもきれいに食べ、食器を嘗め尽くす習慣であった。好き嫌いがなく、何でも与えられたものは、喜んで食べていた。最晩年になって、数回だけ食べ物を残すことがあったが、その時は体調がひどく悪かったのだろう。

一方、中野孝次さんが飼っていたハラスは、食べ物の好みがうるさかったようだ。なにしろ、飼い始めた時期に、なかなか食べないので、生肉を与えたら喜んで食べたとのことである。しかし、そのように最初に甘やかした結果、中野さんの奥さんは、ハラスの食事を準備するのに大変苦労したようだ。

そうしたハラスの状況と比較すると、ペロの場合は、食事に関しては、全く何の問題もなく、料理をする愛子にとっては極楽だった。

もらわれてきた初期には、まだ幼かったので、牛乳を与えていたが、いつもそれをピチャピチャとよく飲んでくれた。玄関にぼろ布を敷いた段ボール箱を置いて、その中に寝かしていたが、環境の大きな変化もあって、初めのうちは夜中によく起き出し、二階で寝ていた僕たち家族に向かってピヨ、ピヨという啼き声を出して呼びかけるのであった。僕や妻はかわいそうで寝ていられなくなり、階下に降りてペロを膝に乗せ、小さな身体を優しくさすっていると、やがて安心して眠りこんだのを、そっと段ボール箱へ戻していたものだ。膝に抱いていると、身体は小さ

愛子の料理を見守るペロ

いのに、鼻の部分がやけに大きいという印象を受けたが、それはやがて飼い主にも信じられないほどの大きな成犬へと成長してゆく兆しであったのだろう。成長したペロと散歩していると、幼い頃のペロを知っている知人が驚いて叫んだものだ。「これがあのペロ！」

食事に関しては、後に女子栄養大学の教授になった愛子が、健康食品に大変気を配ってくれたことが、本当にありがたかった。妻は、別に栄養学を教えていたわけではなく、英語や黒人文学を教えていたのだが、とにかく健康食品に人一倍気を使っていたのである。そのことは、最晩年に僕たち家族と四年三ヶ月を共に暮らした僕の母や、息子や娘や、そしてペロや僕自身にとっても、大きな恩恵となったのだった。

母は九十二歳になるまで千葉県の田舎で独居生活を頑張っていた折、食事が偏らないようそれなりに気を配っていた。それが、僕たち家族と暮らし始めてから、妻の健康的な料理によって、田舎にいた時分より元気になり健康になってくれたのである。それは、ありがたいことだった。なにしろ、「埼玉で長男家族と暮らし始めたら、途端に弱ってしまった」などとうわさが広まったら、僕たちは世間に顔向けができなかっただろう。

正和も和泉も妻が心を込めた料理によって、健康に育ち、おかげで小学校から高校にかけて欠席はほとんどなかったと思う。いかに食事が大切であることか。これは良い見本だろう。

一方、千葉県の田舎にいた末弟の家族は、子育てで大変な苦労をしていた。そのために母が、「お前たちは二人だけで子供を育てて、さぞかし大変だっただろう」と気遣ってくれたとき、「大変でないことはなかったけど、それほどでもなかったよ」と答えることができたのである。どこの家庭においても、子育てと食事の関係は、決して軽視できないことだろう。食事に十分配慮するか否かで、子育ては地獄にもなり、極楽にもなるかもしれない。

柴犬のペロが、結局、十七年三ヶ月も生きることができたのは、近所に迷惑をかけないために途中から家の中に入れて飼うことにしたことも要因であっただろうが、やはり妻が準備した健康な食事がペロの寿命を延ばしたのだろう。

僕は、二〇二三年現在、透析を受けて十四年を超えるが、まだ心身ともに元気である。残念ながら、姿勢がゆがみ、動作が鈍く、魂の抜け殻のように見える患者が少なくない中で、「佐川さんは透析患者には見えない」と病院の看護師に言われるほどである。それは、一つには妻が作ってくれる健康的な食事のおかげであり、加えて、僕はユダヤ研究や歌に打ち込むことによって、精神的な緊張を維持しているためかもしれない。

犬と文学

ペロからの贈物をもう一つ加えると、ユダヤ研究の一環としてユダヤ系文学を読むときに、犬の描写に注目するようになったことが挙げられる。

たとえば、僕が大学院時代より半世紀にわたって愛読してきたノーベル賞作家ソール・ベローの作品にも、いくつか興味深い犬の描写がある。

処女作『宙ぶらりんの男』には、犬の描写は見当たらないが、次作の『犠牲者』を眺めてみよう。

主人公レヴェンサルは、家庭環境、職業体験、結婚生活などが要因で不安な心理を抱えている。そのために、数年ぶりに現れたかつての知人オールビーが、没落の責任をすべて彼に押し被せようとする言動を、はねのけることができない。加えて、彼は、住居のプエルトリコ系管理人の犬に好かれるような優しい面もある故に、自分が陥っていたかもしれない悲惨な敗残者を思わせるオールビーの要求を、一概にはねつけたりしないのだろう。ちなみに、「人が動物をいかに扱うか、それはその人の性格を表わすものである」(『万人のタルムード』)という。

次に、『この日をつかめ』は、父親と息子の関係、夫婦の関係、詐欺師との関係をユーモアに包み込む。そして、ついていない男(シュレミール)の中に潜む潜在能力を、ユダヤ教神秘主義カバラーと絡めて描写したことによって、人の可能性を読者の心に刻み込む作品と言えるかもしれない。主人公ウィルヘルムは、現在、妻子や職場より離れ、流浪の身であるが、かつての家庭生活や、そこで飼われていた、あまり見栄えの良くない愛犬を懐かしく思う。

一方、アメリカでの生活に行き詰まり、暗黒大陸アフリカへと旅立つ『雨の王ヘンダソン』では、旅行の初期に一緒になる友人チャーリーとその犬が言及されている。偶然であるのか、意図的であるのか、分からないが、犬をこよなく愛した作家ジョン・スタインベックの『チャーリーとの旅』を連想させる場面である。ただし、チャーリーは、ペローの作品では友人であるが、スタインベックの場合は、愛犬である。『スタインベック書簡集』にも、愛犬チャーリーとの心温まる旅は、盛り込まれている。僕は、九百頁を超える『スタインベック書簡集——手紙が語る人生』(大阪教育図書)を、シオン短期大学の浅野敏夫さんと共訳したが、後に若くして世を去った浅野さんのことが、ときおり思い出されてならない。

また、『エルサレム紀行』において、詩人デニス・シルクの飼っていた犬は、亡くなってしまったが、そのことを知らない雌犬が、慕って繰り返し訪れてくる。気の毒であるが、「お前の友達は、もうこの世にいないんだよ」と話しても、犬は情報を得ることができない。それでも臭覚が非常に発達しているので、亡くなった友人の匂いを嗅いで、訪れることを止めないのだろうか。

ペロとの長年の交わりを経た僕の身体にもペロの匂いが、まだ染みついているのかもしれない。そのためか、僕が一人で歩いていると、散歩中の犬たちが、親しくじゃれついてくることがある。

僕は、かつて「犬と文学」という主題で論文を書いてみようと考えたことがある。残念ながら、それは現在に至るまで「計画倒れ」の状態だが、この世を去る前に、なんとかそれを実践したいものだ。

二匹目の柴犬

ペロは、長命を得て、僕たち夫婦に看取られて安らかな最期を迎えた。それでも、僕たちにとって、長らく生活を共にした愛犬を失ったことは、大きな心の痛みとなって、その影響はいつまでも残っている。ペロがこの世を去ってから、もう十三年を過ぎるが、いまだに「ペロ」と口にしないで過ごすことは、一日たりともない。

僕などは、あたかもまだペロが元気でいることを装って、「ペロ、帰ったよ」、「ペロ、お前もお食べ」、「ペロ、もう寝る時間だから、おいで」などと話しかけているありさまである。

また、僕は、朝と夜に、それぞれ仏壇に向かって手を合わせ、先祖の霊に語りかける習慣があるが、その時もペロに呼びかけることを忘れてはいない。

これほど柴犬を愛しているのだから、二匹目を飼ったらどうかと思うが、残念ながら、透析の十四年目を過ぎ、心臓や脳の手術も受けた現在の体調では、無理だろう。同い年の妻は、ジョギングや創作バレーなどを続け、まだ元気いっぱいであるが、ペロの時と同様に、朝晩と二回の散歩を続けるとなると、やはり、夫婦とも達者でいないと、継続は難しいだろう。しかも、雨の日も、雪の日も、嵐の日も休みがない。

透析患者もある程度の軽い運動は望ましいと思うが、この場合、僕の速度ではなく、元気な犬の進み具合に合わせなければならず、やはり無理をすると、こちらの命を縮めてしまう。二匹目の柴犬を飼いたいけれども飼えないのは、誠に寂しく残念なことである。

中野孝次さんは、『ハラスのいた日々』（文春文庫）や『犬のいる暮らし』（同上）など、犬好きとして有名であり、僕は、中野さんの生きることと書くことが密接に関連した文体に惹かれ、各作品を十数回も愛読している。中野さんは、ハラスに続いて、何匹もの柴犬を長期にわたって飼い続けた人である。中野さんにはスキーで鍛えた足腰があり、奥さんも同様にスキーが得意であり、英語やスペイン語も学んでいて、元気な人だったのだろう。残念ながら、とても中野さんたちのまねはできない。

あとがき

これまで僕は、自分の人生で比較的多くの時間を費やした事柄に関して、本にまとめてきたと思う。たとえば、それはユダヤ研究であり、在日米軍基地勤務であり、経営学であり、学会活動であり、歌であり、透析であった。ペロとの交わりも、十七年三ヶ月を費やしたのであるから、当然、本にまとめてみたいと考えたのである。

ある事柄に対して長い時間を費やしたということは、その対象について、いろいろ考え、試行錯誤を繰り返したという意味であろうから、それを本にまとめることで、改めてわかってくることや、反省や今後の指針などが、得られるかもしれない。そのことから、今後を生き抜く何らかの助けを得られるのであれば、幸いである。本にまとめ一段落ついたところで、次の段階に進むことができよう。

七十五年余の人生を振り返ってみると、気が短くせっかちな性分によって、必ずしも適切でない方向に莫大な精力を使ったこともあった。生き方の誤りである。もっと余裕をもって、考え行動していたら、それを回避できていたことだろう。今となっては、それを何とかプラスの方向へ持ってゆく工夫をするしかない。

それでも、郵便局や在日米軍基地や経営学部での勤務には、それなりの意味があったと思う。いくつかの職場を体験できたことは、良かった。また、夜間大学や、松本亨英語高等専門学校や、大学院にも、独特の意義があったのだ。特に夜間大学に通ったことは、昼間の大学と異なる人々に出会え、折からの学園紛争やヴェトナム戦争の影響を含め、振り返ると、貴重な体験となっている。

加えて、文学部ではなく、経営学部で担当した講義科目「ユダヤ文化とビジネス」や、ピーター・ドラッカーの原書を用いた「国際文化演習」や、「ユダヤ人研究と国際社会」の演習にも、少なからぬ利点があったのではないか。僕のユダヤ研究と経営学部の担当科目が響き合ったことは、幸いであり、楽しい思い出となっている。

さらに、数年にわたって没頭した国際交流委員会の仕事も、僕の人生に違いをもたらしてくれた。たまたまその活動は、ペロと過ごした時期と重なっている。そこで、本書は、ペロ

2023年11月19日、矢部所長宅で青山学院大学国際交流委員会の同窓会を開く。前列左より矢部所長、松田事務局長、佐川。後列左より松木さん、永作さん、城島さん、水谷さん

の思い出に、国際交流の活動が織り交ぜられた形になった。

ところで、村上春樹さんや池波正太郎さんやソール・ベローなど、内外の作家の経歴を見ればわかることだが、彼らはいかに幅広い経験を重ね、多くの本を読み、多様な人々と交わり、そして多くの本を書いていることだろうか

一方、学校を出て、そのまま教員や研究者になった場合、生涯学習を通して、また、多様な人生経験を得る工夫をしながら、教育・研究・執筆活動を展開してゆくのだろう。執筆に関しても、それが先細りしないよう絶えざる工夫が必要である。「退職・老い・難病・事故」への対応も、そ

れへの態度によって、執筆に活力を与える場合があるかもしれない。

さて、本書で述べてきたペロは死してなお、僕たちの生活に大きな影響を与える有益な存在である。ユダヤ教の思想によれば、必ずしも来世の存在を肯定していないが、少なくとも「死者は、それを思い出す人の心の中に生きている」という。まさに、ペロは、僕たち夫婦や息子や娘の心の中に生き続けているのだ。僕たちの家系において、祖先から連なる「大きな鎖の輪」にペロも含まれていると思う。

僕の生涯において、柴犬ペロと過ごした十七年三ヶ月の生活が無かったならば、人生に大きな違いが生じていたことだろう。それは、ペロと苦楽を共にした愛子や正和や和泉にとっても、同じことだろう。

今後、僕がますます老いて、自分の名前を思い出すことすらできなくなったとしても、ペロのことは最期まで記憶に残っているかもしれない。ペロ、長い間、本当にありがとう。

最後に、本書の出版を快諾された大阪教育図書の横山哲彌社長と陽子夫妻、そして、本書の内容を細かく検討され、体裁の統一などの複雑な仕事を効率よくこなしてくださった編集部の土谷美知子氏に心よりお礼申し上げます。

二〇二四年一月
佐川和茂

執筆者紹介

佐川和茂（さがわ・かずしげ）千葉県生まれ。青山学院大学名誉教授。

著書に『ソール・ベローと修復の思想』（大阪教育図書、二〇二三年）、『歌ひとすじに日本の歌、ユダヤの歌』（大阪教育図書、二〇二一年）、『「シュレミール」の二十年　自己を掘り下げる試み』（大阪教育図書、二〇二一年）、『文学で読むピーター・ドラッカー』（大阪教育図書、二〇二一年）、『希望の灯よいつまでも　退職・透析の日々を生きて』（大阪教育図書、二〇二〇年）、『青春の光と影　在日米軍基地の思い出』（大阪教育図書、二〇一九年）、『楽しい透析　ユダヤ研究者が透析患者になったら』（大阪教育図書、二〇一八年）、『文学で読むユダヤ人の歴史と職業』（彩流社、二〇一五年）、『ホロコーストの影を生きて』（三交社、二〇〇九年）、『ユダヤ人の社会と文化』（大阪教育図書、二〇〇九年）、など。

犬と生きる――ペロと過ごした日々

2024年3月25日　初版第1刷発行
著　者　　佐川 和茂
発行者　　横山 哲彌
印刷所　　岩岡印刷株式会社

発行所　大阪教育図書株式会社
〒530-0055　大阪市北区野崎町1-25
TEL　　06-6361-5936
FAX　　06-6361-5819
振替　　00940-1-115500
email=daikyopb@osk4.3web.ne.jp

ISBN978-4-271-90017-7 C0123　落丁・乱丁本はお取り替えいたします。